摆脱 年龄焦虑

跨越全新的人生起跑线

이제 나를
안아줘야 할 시간

[韩] 韩星姬 著　蔺阳子 译

中国工人出版社

自/序/

如何处变而不惊?

两年前，我离开韩国，前往大洋彼岸，进修精神分析学。回国前的茫然失措、忐忑不安，现在都已经烟消云散，一身轻松。身在异乡、生活不易，年岁已高、学业吃力。起初，当我与好友们谈起留学的决定时，大家异口同声表示不解，纷纷替我发愁：“我说啊，都一把年纪了，还学什么学啊？这岁数不该到处走走、游山玩水吗？”我当然明白周围人的意思。对于一个女儿已经成家五年、自己帮着照看外孙的人来说，我的“叛逆”的确会使大家大吃一惊。

周而复始的生活，会使人感到舒适与安逸，谁不希望日子无波无澜呢？但安于现状的同时，心中的欲望亦会风起云涌。这是一种人类内生的、涉及全年龄段的天然属性。这种欲望，与所谓的贪婪无关，是一种能够催人奋进的力量。

一个人的成长不应该受到年龄的限制。我“一把年纪”还要选择留学的原因，就是希望自己年轻时积累的经验，可以赋予现在的我力量，实现自我成长。

人生过半，迷茫不安

人的一生，总要经历无数转折点。因为身材走样再也穿不下旧衣服时，自然需要换新，人生也是如此，总会被某种神秘力量推着前进。虽然人的一辈子有大大小小无数个转折点，但成年后最大的转折点，大概出现在四十岁——一个不大也不小的年纪。人一旦三十岁过半，对时间这一概念的理解就会悄然发生变化。我们年轻时觉得时间取之不尽、用之不竭，未来“充满了可能性”。也许这“无限多”的时间，曾让人不安、使人恼火，但我们依旧觉得“未来可期”，梦想终会实现。这种安逸的心态，使人常怀希望。

然而当我们勇往直前、一路走来，不知不觉站在了人生中点时，才猛然意识到，时间留给自己的机会并不多了。此时回顾人生，我们发现全新的“寻梦计划”很可能会蹉跎光阴，人生似乎已经止步不前了，不安与迷茫便随之而来。“我现在过得好吗？”“这辈子好像也努力过、拼搏过，为什么感觉自己还是一事无成？”“别人都过得那么好，为什么唯独我这么累？”“这个岁数，我还能重新开始做些什么吗？”……这些直击心灵的疑问，着实让人苦不堪言。

不过，我们不必把这一人生阶段看得过分悲观。上面提到的各种情绪，不过是人生转折点即将到来的信号而已，也是人生即将迈向全新台阶的标志。断舍离固然痛苦，面对未知变化亦会惶恐，这一时期产生的“混乱”，常常以空虚、抑郁、无力的方式表现出来。古语有云“破茧成蝶”，只有经历了内部解体、外部重组的过程，才能成长为全新的自我。所以当我们身处混乱时，不要慌张，应该冷静思考解决之道。

学会自爱，才能拥抱成长

在本书中，我将与身处混乱期的、三四十岁的青年们一起聊聊方法论，比如在这个时期应该如何思考，怎样展开行动，如何找寻翻开人生后半部华章的动力等。我年近四十的时候，克服万难、前往美国留学，也曾一度为自己的未来担忧，陷入自我矛盾。究竟要以全新的身份挑战自我？还是安于现状？而让我更加痛苦的是，未来留给我的时间与机会似乎并不多。

如今时过境迁，回想走过的路，我发觉正是往日的混乱才成就了今天的自己。在那些艰苦奋斗的日子里，我总觉得这种混乱的状态像一条一眼望不到头的隧道，但就在某个瞬间，自己居然顺利冲出了那片黑暗。随后，我便能以全新的视角、更加成熟的心态审视自我、审视世界了。

只有在痛苦中历练，才能最终成就自我。在这一过程中，只要坚信自己每天都在成长，积极健康，学会自爱，不论我们身处何时、遭遇何事，就都能顺利渡过难关。因此，我们应时时刻刻扪心自问：我在哪里？我要做什么？我想取得哪些成就？

很多人挖空心思，希望成为他人眼中耀眼的星辰，却逐渐忽略了自身的成长。此时，我们不妨停下疾行的步伐，好好照顾自己、安慰自己，并对自己说："这段时间辛苦了！一定会苦尽甘来的！"也不要过分苛责自己，要为自己鼓劲："就只能这样了吗？再加把劲！"此外，我们更不必自我施压。正确的方法是抽出时间，拥抱自己。只有这样，才能使自己不再痛苦，彻底摆脱抱怨自己"一事无成"的空虚和不知走向何方的迷茫；也只有这样，才会意识到"我"是何等珍贵，心生不断成长的信念。

目 录

CONTENTS

第一章

此时此刻，我在哪里

第二章

身处变处，静待成长

第三章

今日之我，优于昨日之我

第四章

切忌在任何一段关系中迷失自我

第五章

是时候拥抱自己了

第一章

此时此刻，我在哪里

不知不觉变得迷茫

“无力”是当下韩国三四十岁人群心理状态的侧写。表面上看，这群人肩扛责任与义务，忙得不可开交，似乎希望自己能够早日从现实中摆脱出来。可他们的根本问题，在于人生目标与方向的缺失。弱冠之年，他们也曾怀揣梦想，未来可期；而如今年近不惑，当初的梦想可曾实现呢？

此时，他们从梦境中跌落，被迫开始接受现实的审判，而这也是搁置理想、摆脱幻想的肇始，所以无力与不安的心理状态，自然会随之而来。某一天他们突然发现，生活偏离了轨道，并没有按照预设的剧本上演，便急于寻求改变。当有关未来的选项减少时，这种求变的欲望便会更加强烈。然而，寻求全新的人生目标、追求笃定的生活方向，并非易事。四十岁前后出现的这种“无力感”是个人发展出现危机的一个信号。

寻求认可，一路疾行

英旭是一名典型的工作狂。因为他工作极其勤奋，为人很有亲和力，所以入职后便快速得到了晋升。老板对他青眼有加，他自然也愿意为公司披星戴月。突然有一天，英旭觉得心脏不太舒服，就去医院进行了检查。结果，刚到四十岁的他就被查出了高血脂、高血压、动脉硬化，以及体重超标。实际上，心脏问题只是恐惧发作的表现，而此前他早已饱受失眠、强迫症的困扰。

虽然英旭本人毫无察觉，但其身体早已超负荷运转。英旭把公司当作证明自身价值的标尺，一个披荆斩棘、所向披靡的战场；他还沉醉于把“自身的商品价值发挥到极致，使其高效运转”。他认为工作是一种获得认可的手段，工作能力一旦受到质疑，自己的人设也将随之坍塌。对于英旭这样的职场精英而言，工作不仅能够拓展人生的外延，还是证明自我的利器。谁承想，这却无异于某种“职场中毒”的表现。

突如其来的身体不适，让英旭不得不选择休三个月的病假。正是这段时间，他看到了此前未曾见过的世界。他笑着说道：“以前，我好像总是为了别人而工作，可现在我想为了幸福而工作。”他还补充道，“我现在想把工作当乐趣，避免以自我为中心，同时注重培养团队的成长。”

名片丢了，我也丢了

对于那些只看重结果而忽略过程的人来说，名片大概是他们解构自我的最佳方式了。对于他们而言，没有了名片就意味着丢失了自我。因此，一旦从单位离开，“自我”也就随之消失。然而，这种剥夺感所带来的影响实际上远比我们想象得更加严重。因为此时人们可以清楚地认识到，往常与他人的交往均始于自己的某种社会地位。所以，越是成功的人，退休后罹患抑郁症的概率就越大。

拼尽全力取得的某种社会成就，不过是人生的一部分而已。比如，张三作为一个自然人，一定由多个概念构成，仅仅一个要素是无法对他进行准确描述的。生而为人，我们既可以为人父母、为人子女，更可为人知己，可这些要素不过是一张张名片罢了。很多人对此一无所知，究其一生，只为这一张张名片疲于奔命。长此以往，人自然会觉得生活充满了不幸。所以我们必须清楚地意识到，这些名片不仅会随时消失，更会随时变化。此外，我们还要在“自我”与社会之间，建立一个保证自己实现自尊、自爱的缓冲地带。对于职场人而言，这个缓冲地带则存在于“自我”与“社会人”身份之外的“第三空间”。

“小确幸”常伴左右

人人都有快乐生活的权利。但成年以后不知从何时开始，生活于我而言似乎既说不上幸福，又与开心无缘。再回头看看孩子们，我反而觉得他们好像过得无忧无虑——比如常因小事而开怀大笑，即使没人管，也能自己和自己玩起来。我之前在报纸上看到过一则新闻，讲的是美国第一家成人幼儿园投入运营的故事。这家幼儿园只接受21岁以上的成年人报名，并为他们提供新鲜的娱乐、冒险游戏等课程。

这些“大孩子”们在幼儿园里捏橡皮泥，学习填色，吃完零食还要午休，一个月有一次郊游活动。成年人也许忘了，原来我们会寻求微不足道的快乐，并本能地期待自己能够忘却沉重的现实。

实际上，韩国的学生、上班族都面临巨大的生活压力，亨泰便是其中之一。他说自己从小就很懂事，以至于现在后悔莫及。如果当时偶尔任性、放肆一把，又能怎样？所以，他决定未来一定要变成一位风趣幽默、会享受生活的老人，好好体验一把年轻时错失的乐趣与纯真。

人如果一心奔赴同一目标，伴生的紧迫感会使生活变得压抑且沉重。压力越大，生活就越发缺乏新意，久而久之，人便会与幸福无缘。所以，即便人生注定要疾驰前行，我们也不能过分执

行色匆匆的上班族

着于某个宏伟的目标，必须让“小确幸”常伴左右。人生并非只有“成果”与“成就”，快乐与惬意亦是一种成长。只有这样，“快乐生活的权利”才会重新回到我们手里。

人如果一心奔赴同一目标，伴生的紧迫感会使生活变得压抑且沉重。

压力越大，生活就越发缺乏新意，久而久之，人便会与幸福无缘。

所以，即便人生注定要疾驰前行，我们也不能过分执着于某个宏伟的目标，必须让“小确幸”常伴左右。

寻找属于自己的时间与空间

“我好怕自己一事无成，谁想一直待在一个小破公司、一辈子挣死工资啊……”民哲找到我的时候，我能明显感觉到无力感充斥着他的生活，他觉得自己的人生毫无存在感，这种心态最后发展为自我否定。实际上，他有着还不错的学历背景，单位规模虽然不大，但发展也可圈可点，可他见到我后就开始吐槽，考虑要不要离开现在的工作岗位。

看见他被焦虑与压力折磨得够呛，我脑海里突然蹦出一个词——“兴趣爱好”。埋头工作之余，发展一个兴趣爱好如何？因为对于这个年纪的人来说，突然转行或参加司法考试，显然不太符合实际。那么，制定一个既能让他摆脱对现实生活的无力，又能凸显自身存在感的方案，就十分必要了。我更愿意把这些将自身兴趣爱好发展为第二事业的人称作“伟大的进化者”。

率性而为

“实践思索理论的最佳方法，就是注重当下的生活。想哭就哭，想笑就笑吧。”

中国心理学家李子勋在《过度担忧》中为读者介绍了思索理论。他解释道，反复思考当下自己认为重要的“一件事”，就可以被定义为思索。对此，我想做个补充：所谓思索，是一项化抽象为具体的工作。

人类在面对无法亲眼证实的、抽象的事物或价值观时，一定会心生惰性。况且，既然生活中到处都存在足以刺激末梢神经的事物，我们又何必劳心费神地深入思考呢？但是如果将思索量化，不仅理性认识将得到深化，深入实践的动力也将进一步得到加强，我们一起来看个例子：

读3页书

每天步行1公里

每天散步10分钟

吵架时沉默5分钟

如果说思索就是读书时专注阅读、散步时专注走路，那么把这些活动分配到单位时间里，进而形成具体的系统，便可以使思索成为人生的一种习惯。虽然这些工作看起来毫无意义，但如果可以坚持一周，生活将截然不同。只有学会如何消遣，纵享“独乐之道”，我们才能够快乐生活。

当职场、人际关系令人头疼时

美善是一名全职太太，同时自称已经当了十二年的书迷。随着书籍数量的增加，家里藏书的空间捉襟见肘。有一天，美善瞒着家里人买了一个专供自己使用的书柜。她说，在刚开始的两年，自己阅读的书籍内容过于简单，但随着时间的推移，所读书目内容的难度也逐渐增加。于是她自然而然地发觉自己的人生深度也发生了变化。

而她的这种变化，早被家人看在了眼里。比如在她看书时，家人会尽量不去打扰。由于过于投入，一开始孩子们经常叫了好多遍“妈妈”，美善都不应声。后来，家人也开始逐渐尊重专属于美善的时间了。作为孩子妈、家里的女主人，即便自己没有提出要求，家人也给予了她充分的尊重。

美善说：“女人一辈子都似乎难逃为丈夫、子女鞍前马后的命运，但我觉得女人也应该为自己而活。只有这样，内心才能获得巨大的满足感。”像美善这样，发展兴趣爱好的同时，逐渐缔造了属于自己的圈子，人际关系也会随之改善。从前，她只是一个每天眼巴巴盼着丈夫和孩子们回家的主妇，现在有了自己足够热爱的业余爱好，唠叨也会减半，与别人的关系自然也就变得十分融洽了。

一个人大概只有沉浸在个人爱好里，才能完全以自我为中心，不受他人支配。无论是处理职场问题还是人际关系，独木都难以成林，更何况人生的变数、不和谐何其之多。可对于培养兴趣爱好这件事来说，我们只要肯投资自己，就能获得回报，这种可以独自体会的幸福感与他人无关。运动时大汗淋漓的畅快，跳舞时曼妙轻盈的身姿……这种巨大的满足感，简直堪比奥运会夺冠。

当我们能够充分享受幸福时光的时候，处理职场与人际关系上的困难，也就不再是问题了。所以每当烦恼降临时，试着对自己说一句“我很幸福，烦恼走开！”吧。长此以往，周围的人也会对我们抱有好感。考虑考虑吧？健康的兴趣爱好，不仅能推动人生的良性循环，还能创造一片供心灵休憩的缓冲地带。

每天为爱好留出15分钟

芸芸众生，没有人可以过上教科书般的生活。这里的“教科书”又指什么呢？大概是司法系统的人每天就应该奔走于各类诉讼之间，生意人就应该每天进货出货，医生就应该整日面对患者。可是生活并非如此一成不变，如此简单。我们大可以把兴趣爱好当作一个可以前往“过渡空间”的媒介，在那里，我们能够暂时忘却现实的烦恼。

过渡空间是存在于现实与幻想之间的一个虚拟地带。我们可以在这里治愈疲惫的心灵，拥抱与生俱来的单纯与喜悦。创意、艺术与文学，都是人类在这一空间内创造出来的作品。能够合理利用这一空间的人，常常是善于思考的人，其收获的快乐也往往几倍于常人。我一直认为，真正的休憩，并非一掷千金、乘坐飞机到处旅行，而是暂时远离世俗喧嚣，在属于自己的时空内纵情徜徉。

不仅如此，兴趣爱好还有督促人不断学习的作用。出于十分偶然的机会，我曾有过学奏大提琴的经历，现在也偶尔拿出乐器把玩。每当沉浸在优美的琴声与精妙绝伦的旋律里时，我会觉得课本之外的智慧在源源不断地向自己走来。出尽力气、刻意为之的音乐，往往听感最差，而那些跟随自然的韵律缓缓流出的音符，才是最悦耳动听的。

每当回想起自己的经历时，我就越发觉得人生不能“用力过猛”。经验告诉我，越是对某件事上心，结果反而大概率事与愿违，可大部分人好像很难意识到这一点。值得庆幸的是，我通过学习大提琴明白了这个道理。无论生活还是爱好，有些人总是拼

学奏大提琴

尽全力，试图制造属于自己的某种光环。但只有当我们形成不再“用力过猛”的习惯，并开始尝试不同的事物时，耐心才会逐渐发挥作用，帮助我们创造出属于自己的成就。

曾经有位女士对油画颇感兴趣，为了学习画画，甚至买了一大堆作画工具，结果没到一个月就放弃了，于是她跑来问我：“怎样才能避免出现三天打鱼、两天晒网的情况呢？”我建议她：不要让兴趣爱好过度挤压生活空间，要懂得收放自如。如果当初没有用力过猛，也就不会一次性买那么多工具回来了。不论做什么事，如果开局就“心急火燎”，别说感受乐趣了，最后不成为负担拖累自己，就已经是万幸。如此一来，结局必然是草草收场。

所以我们不妨调整一下策略，每天只给自己的爱好留出15分钟的时间，并每天坚持下去。15分钟，足以练熟8小节乐谱，读4页书，勾勒一道完美的线条；15分钟，足以让生活与个人爱好和谐共生。英语世界里有这样一句谚语：Slow and Steady Wins the Race（稳而慢，赛必胜）。请把“Slow（慢）”和“稳（Steady）”打上重点符号，对于兴趣爱好而言，我们的确应该采取“慢”和“稳”的策略。

如果一次性抽出15分钟比较困难，那就把这15分钟平摊到一天甚至一周内。对于人生中真正重要的事物来说，一扫而过万不可取，需要付之以长久的热情与执着。

当今社会，人们可以用各种标签、身份对自我进行解构。可对过去的人来说，不仅一张小小的名片无从谈起，就连“为自己而活”都显得奢侈，其人生的意义就在于燃烧小我、为家族而牺牲。但如今的年轻人大可不必如此，尽管敞开胸怀，日复一日、年复一年地创造属于自己的成就，感受属于自己的快乐，只有这样（培养个人兴趣爱好），才能感受到“自我”意识的存在，才能幸福生活。而这些兴趣爱好，会成为常伴我们左右的毕生挚友。

一个人大概只有沉浸在个人爱好里，才能完全以自我为中心，不受他人支配。

健康的兴趣爱好，不仅能推动人生的良性循环，还能创造一片供心灵休憩的缓冲地带。

得之我幸，失之我命

在大部分人眼里，所谓的人生巅峰，大概意味着“冲击极限”。然而，真正意义上的巅峰，似乎应该以“心之所向”作为限定条件。如果一个人在自己所钟爱的领域内取得过最高成就，即便芳华已逝，他依然是一个幸福的人。

几年前，首尔江南一位年逾七旬、颇有名望的富豪找到了我。在外人眼里，老人家财万贯、人品一流，着实令人羡慕。然而，面对外界的评价，老爷子却连连摆手否认。

回顾七十年人生，他这样总结道：“我这一辈子，没有一天过的是自己想要的生活。想要的不来，不想要的偏偏赶都赶不走，一辈子都浪费在了无用功上，一转眼发现自己已经变成了老头。命，都是命啊！”原来，老人本想成为一名投身宗教事业的神父，可无奈遭到家人反对，几十年郁郁不得志。

我与老人最后一次谈话时，对方这样讲：“无论年长年幼，得之我幸，失之我命。努力的方向如果发生偏差，再简单的事情也没办法做好。我觉得，这可能是人生最受用的法则吧？”真可谓字字珠玑。那些正在遭受焦虑、抑郁折磨的人们，应该好好体会这番话的深意。

失落感往往与抑郁相伴，恐惧则与焦虑随行。夫妻二人十分想要孩子，却不幸罹患不孕不育，上班族痛失升迁机遇，夫妻买房未能中标……这些随处可见的事例，实际上与老人希望投身宗教事业未果的故事并无太大不同，他们都饱受抑郁和焦虑的困扰。

以退为进的人生

一般来说，人一旦到了四十岁，就已经开始孤军奋战，追求世俗意义上的成功了，所以根本不会把老人的话放在心上。然而，不管一个人是借助实力上位，还是善于钻营、巧取豪夺，其所谓的“人生巅峰”，均剑指结果，与过程无关。如果一个人能够对自身能力的“天花板”有清醒的认识，成长阵痛期产生的痛苦就可能会有所缓解。

所谓“认真生活、拒绝愚昧”，包含两层含义。第一，绝不可为了一己私欲不择手段；而老人说的“得之我幸，失之我命”，便是第二层含义。有时候，吃亏放弃并不一定是坏事，殊不知以退为进也是一种生活姿态。人生一世，总有一些人或事，即便令人依依不舍，也必须学会放弃。

通用韩国8000万买卖公司职位的新闻一经曝光，立即在各大门户网站引发热议。该公司的这一政策执行十多年才被爆出，可见有人显然是赞同这种做法的，不过据说相关人员已经受到了相应的处罚。所以那些曾经拒绝花钱买工作的人，虽然当时可能受到了一定的影响，却避免了更大的损失。选择之外的人生，也许是一片大有作为的天地，只不过我们无法亲眼见证罢了。

轻松上阵

要说起那些不肯放弃执念的人来，我绝对要算其中之一。小时候我曾立志成为一名音乐家，可无论怎么努力，都似乎离目标相距甚远。我的人生理想虽未曾实现，但我也有了不少意外收获。比如，我从未想过自己可以出书。

我的上一部作品叫《心理医师妈妈致女儿的人生成长书》，承蒙读者厚爱意外走红，如今算算时间，已经出版两年多了。本来我是打算写一写关系心理学的，但一直都没静下心来。这与我的心理负担有关——特别是一想到不知道会有多少人读我写的书，就更加紧张了。再加上当时我需要为女儿准备婚礼，就更没有什么精力写作了。谁承想，这却成为我改变写作方向的契机。

改变写作方向

“韩老师，内容太沉重了！”

“也可能是我自己心情太压抑了，毕竟闺女说婚后要到美国生活。”

“换个主题怎么样呢？把您想对女儿说的话，以写信的方式讲出来。”

“写给我女儿的信？”

“没错。您就当自己是所有女孩子的母亲，跟自己的孩子絮叨几句。怎么样？”

“要这么说的话，写起来好像能轻松不少。”

就这样，我开始动笔了。不过，因为我的确把写书当成给女儿写信一样，所以想说的话也就源源不断地涌现出来，当然这也与老母亲禁不住唠叨子女的本能有关。

如果说写书是一项社会化活动，那么写信就完完全全是在自说自话了，二者带给人的压力也相差甚远。这件事给我最大的启发就是，与其紧绷神经，还不如放松下来，放松状态下照样可以前进。一身轻松，往往会涌现灵感，效率自然就提高了。所以，我们一定要学会张弛有度。

我这里所说的“放松”，并不仅仅指一种物理状态，也不是指单纯的休息，而是要求人彻底放下一切欲求。基督教经典里，把一个人的能力叫作“全能”，如果“无能”对应0分，“全能”则对应100分。当我们欲求不满时，总希望自己拥有“全能”的力量，但过高的标准与过强的欲望，反而会阻碍个人发展。

变所思为所有

当你期待自己拥有“全能”之力时，不妨悄悄说一句“差不多就行了”，同时把标准降低，避免赋予某件事过重的意义。比如我一想到自己要写书，就不由得紧张起来，但如果说要让我给女儿写信，事情就变得容易多了。后来，我一边回忆过去的点点滴滴，一边像记日记一样每天写一篇文章。这绝非“全能”之力的功劳，而是主观能动性的馈赠。告别完美主义，人生会更加有趣。

日本绘本作家佐野洋子在《生活是什么》中写道：“我们这一辈人，赶上了人类历史上平均寿命最长的时代，在此之前并无样本可以参照。所以，我们必须像小马过河一样，在黑暗中径自摸索前行，找到一条属于自己的生存之道。”

年轻一代的韩国人，其人生亦无样本可供临摹。老套的生活方式并不适合他们，只能自己探索。所以我想借写书的机会，为他们加油鼓劲。迈入老龄化社会后，一个人的成长需要经历漫长的时光洗礼，对此我有诸多肺腑之言想要与大家分享。“在漫长的成长时光里，我究竟可以做些什么？”是我贴在电脑显示器上的一张便笺里的内容，我准备随时动笔，寻找答案。

说了这么多，我来稍做总结。首先，我们要学会接受“该来的为什么还没来”；其次，年纪大了，体力会逐渐下降，机会也会逐渐减少，此乃自然之法，这时我们应该学会张弛有度。只有做到这两点，我们才能为下一阶段的成长打好基础，把“所思”变为“所有”。

有时候，吃亏放弃并不一定是坏事，殊不知以退为进也是一种生活姿态。

选择之外的人生，也许是一片大有作为的天地，只不过我们无法亲眼见证罢了。

孑然一身，不必烦恼

现如今，如果一个人说“我独自生活”，这已经不再稀奇。大家如果经常看电视就会发现，独居作为一个热门话题，早已走进了公众视野。韩国统计厅2016年公布的资料显示，一户一人数量多达539万，十年间增长了两三倍。过去我们总是调侃单身的人“独自吃喝、独自狂欢”，可这种现象现在早已变得稀松平常了。

据统计，在美国，1976年三十岁之前结婚的女性占85%、男性占75%；进入千禧年后，数据分别下降为46%与32%，短短四十年，变化之大令人震惊。而在三十岁以下人群中，认为成年后必须结婚的只占12%，认为必须生育的则仅有10%。韩国的情况大抵与此类似，据官方统计，2010年认为必须结婚的人占比56.6%，2016年则下降为39.6%，变化速度之快令人咋舌。

单身贵族、自发单身、毕业结婚

“单身经济”指的是一户只有一人时的消费形态。当单身人士构成经济活动的主体时，单人房产、单人家电、单人家具、单人餐厅等消费模式悄然兴起。这种现象并非偏离样本，反而成为时下的某种生活方式，并逐渐固定下来。

“单身贵族”“卒婚”，是眼下比较时髦的两个概念。前者以单身生活为傲，选择不婚；而后者则与纯粹的离婚不同，指在婚姻状态存续的前提下，双方以“从婚姻中毕业”为由，约定各自独立生活。一对共同生活了很久的夫妻，某天突然询问对方：“你有没有觉得，结婚好像一块绊脚石，妨碍了我们彼此的人生规划？”于是他们便决定从家庭义务中解放出来，开启各自全新的生活。

单身贵族、主动单身或者卒婚，统统可以称作新型关系，它们的出现是社会不断进步的表现。同时，这也是一个我们从未接触过的崭新的时代，这个时代的特征就是社会分工不断细化、老龄化速度日益加快。越来越细的社会分工，使人进入社会的时间不断推迟，青年到中年之间心理社会的合法延缓期日益延长。似乎也正因如此，身处老龄化社会的成年人，也开始不断挑战自我，追逐自己的梦想，卒婚便是实现这种目标的手段之一。

尴尬的青春VS身份混乱

既然结婚和生育已不再是人生的必需品，人生选择就可以率性而为了，因为我们本就身处各种生活方式并存的时代。当我们还在为自己“是否年轻”而感到困惑时，身边各种生活形态已经悄然出现。三四十岁依旧单身的人，已经实现独立，他们站在现实的洪流里，感受着时尚与青春的脉动。过去，似乎年龄一到，人们只有循规蹈矩结婚生子，才能被视作“正常”。然而时代已经大有不同——如今三四十岁的人，更注重如何在生活中实现自我价值。

曾经有位女演员在一档节目中抱怨：“眼瞅着自己已经四十岁，还是单身，不由得会认为自己‘没什么价值’。”听完这话，我也禁不住唏嘘起来，这是一种典型的自我认同混乱。所谓认同，是指自身的归属感、价值得到某种认可的概念，就好比穿了一件合身的衣服，人就会觉得舒服、有安全感一样。这位女演员，就是因为自己所期待的自我与现实生活中的自我不同，进而产生落差，结果无法认同自己。

一般来说，如果女性超过三十五岁、男性超过四十岁依然没有结婚的话，个体将承受巨大的社会压力。很多当事人正是因为抱着二十岁的心态却过着四十岁的生活，才产生了某种身份上的混乱。他们或是因为无法满足父母或者社会的评判标准，认为自己有某种缺陷，或是因为自己与主流社会脱节，心生不快。二者的差异，主要在于其是否与父母同住。

选择独居的人，需要某种肯定的声音，告诉自己并没有与主流社会脱节，不过是选择了不同于一般人的生活方式而已，根本没有必要因此黯然伤神，以积极乐观的心态面对生活即可。对于那些主动或者被动单身的人来说，如果他们认为自己不管怎样终将走进婚姻的话，则会暂时处于犹豫的状态。总之，不必自怨自艾、自暴自弃，为了避免自己身陷空虚与自卑，我们要有意识地经营自己的感情生活。

不过，无论独居与否，烦恼总与人生相伴，我们的一生都会经受无数的磨炼。对于已经走进婚姻的人来说，他们总有一天要面对因伴侣离开而产生的孤独感；保持单身的人，则会长期经历孤独的折磨。可这二者究竟孰优孰劣呢？所以说，最重要的并不是选择何种生活方式，而是要把握眼下的每一天。

活在当下

人一旦意识到自己不再年轻，自然就会产生某种困惑：一边慨叹青春已逝，一边努力逃避这一现实，可谓矛盾重重。痛苦与挣扎过后，人便会幡然悔悟，意识到年龄日益增加，时间也并非用之不竭。

小时候我们总觉得时间漫长，长大后才感到时光如白驹过隙，一去不复返。人们总说，十多岁的时候，时间好像每天走1公里，步调缓慢；但到了四十多岁的时候，时间就仿佛变成每小时跑40公里。没钱可以挣钱，再不济开源节流，总能省下来一些，但时间永远只少不多。随着年龄的增长，认识到时间的边界与死亡的必然，是成年人生活里最重要的两门课程。

这两个终极命题，不断搅动着人们内心的平静，使人感到焦虑与不安。将近四十岁的我选择去美国进修，面对未来也感到忧心如焚。究竟是要挑战自我，以全新的身份生活？还是安于现状？二者择一，实属不易。在这一过程里，“时不我待”的紧迫感，使我越发疲惫。

当时，一位70多岁的老教授说，这是典型的中年危机。他的话使我深受震撼。30多岁的时候，我也常讲“咱可不是中年人”，觉得“中年”与我毫无关系，当别人说起自己的经历时，我也不过是当故事听而已。然而我慢慢发现，无论是心理还是身体，自己的确在逐渐“中年化”。

有部1967年上映的美国电影叫《雌雄大盗》，男女主人公是大萧条时期被奉为英雄的两个有名的银行大盗，电影讲述了他们的精彩事迹和悲剧人生。这部电影本来没有什么人气，但其韩文版译名《我们没有明天》令我印象深刻。因为在电影里，男女主人公无法期冀未来，只能为当下的生活拼命，所以韩文译名似乎更加贴切。

任由时光飞逝，活在当下，才是最正确的人生态度。最近，年轻人们经常把“YOLO（You Only Live Once——只活一次）”挂在嘴边，意在享受生命的每一个瞬间。但这种简单粗暴的口号，与我所强调的“活在当下”有不同的含义。我所希望的是，人们都能够珍惜生命。

随着年龄的增长，人会逐渐意识到时间的珍贵，这种“觉醒”又会成为积极生活的动力。不论对谁而言，时间必然是一个愈来愈少的存在。因此，不要杞人忧天，而要学会把握当下。

无论独居与否，烦恼总与人生相伴，我们的一生都会经受无数的磨炼。

最重要的并不是选择何种生活方式，而是要把握眼下的每一天。

不与任何人比较，踏出自己的步调

有位单身女性慧善曾经来找我做过咨询，她后来被诊断为“KFI抑郁症”。所谓K，就是Kakao Talk（即时通讯软件，类似于微信），F是指Facebook（中译脸书，类似于校内网），I则是Instagram（中译照片墙，社交软件），这类社交软件的过度使用，有可能使人产生不太愉悦的心理体验。

“刷脸书的时候，我总能看到一些朋友上传自己的婚纱照。我曾经谈过七年多的恋爱，可直到分手都没有见过对方家长，有个朋友谈恋爱不到一年却已经结婚了。总有这种事情发生……所以我就总想着，一定要赢她一次……每次看到朋友们婚礼的照片，心里就会冒出一个‘又？’来。”

“又？”

沉迷各类社交软件的人

简简单单的一个“又”字，听着却沉甸甸的。按道理来讲，一个人的幸福与不幸应该交替出现才对，实际上更常见的却是幸福的人似乎永远幸福，不幸的人则好像会一直不幸似的。只看各类社交软件的话，我们可以轻而易举地得出这个结论。即使人们很清楚，朋友圈的“幸福”不过是经过人为筛选用以展示的，但大家依然会在别人的“完美人生”面前，不断自我矮化。

慧善的朋友为什么非要在脸书上公布自己结婚的消息呢？一般情况下，像结婚这样的大事，普通人都会直接打电话通知亲朋好友。但社交网络的出现，为大众提供了一个将婚礼打造成个人秀场的机会——只要有观众，表演即刻开幕。这就是这位朋友为什么不仅仅满足于这种处于高光时刻的喜悦，而非要把它搬上舞台。

对于这类人而言，在一天二十四小时中恐怕只有此刻最为幸福。只有外界的认可，才能证明自己的存在与幸福。这种行为无异于身陷“别人目光”之囹圄。

这是一个盛产时刻都在炫耀自我、贪恋他人认可的自恋狂的时代。身处其中，我们究竟应该怎样自处？

《纽约客》杂志社里有一个专门负责检查报道是否属实的职位。然而这些报道见刊后，版面上却看不到这些审核人员的名字。大卫·茨威格在《职场隐形超人》中，把隐藏在社会边边角角里的人称作“透明人”。他解释道，这群“透明人”并不在意别人怎样看待自己，对外部因素毫不在意，相反更加注重如何将动力注入个人内在的发展；在组织内部，他们并不满足于收获掌声与认同，更以做“无名英雄”为傲。对于他们而言，只要能够收获喜悦，就意味着满足，而这一切与他人无关。

小透明，也无碍

慧善虽曾因朋友结婚而抑郁，但一年后她自己也步入了婚姻的殿堂，俨然是一副开心快乐的新娘子形象。但和那位朋友不同，她自己的婚礼没有大操大办。

“韩院长，以前我总是眼巴巴望着别人的幸福，从没有考虑过自己拥有什么，现在我该认真审视自己了，这是您送我的最好的结婚礼物。”

这是附在慧善电子请柬上的一小段话。作为她的主治医生，每每看到这段文字，我的内心都倍感慰藉。

我们生活在一个透明的时代、一个贴满各种标签的时代。人类固执地在与他人的对比中寻找存在感，同时还在别人的目光中寻求认同感。

人们总是认为，与小孩子相比，成年人更加成熟、更趋于理性，但事实并非如此，年龄的增长绝不意味着心智的成熟。真正的成熟与成长有关。我们究竟什么时候才能做到真正意义上的“为自己而活”呢？可身陷学历、外貌、工作、金钱的泥沼，我们又怎么能够获得幸福？

随着年龄的增长，我们应该更加智慧、更加坚强，进入一个不与任何人比较、依然能够感知幸福的境界。只有认同自己，人生才不会寂寞空虚。因此，真正的成长，并不是在与他人的比较中实现的，而是在不断实现自我价值的过程中实现的。这就要求我们特立独行，按照自己的步调前进。心甘情愿做一个小透明也无所谓，因为我们本就与众不同。

随着年龄的增长，我们应该更加智慧、更加坚强，进入一个不与任何人比较、依然能够感知幸福的境界。

只有认同自己，人生才不会寂寞空虚。

日积月累，水滴石穿

当我们把人生的目标设定为“一份出色的工作”，并为此一路披荆斩棘时，一旦离开工作岗位，我们便会觉得自己成了无用之人。我们需要清醒地意识到，无论身居何等高位，职业不过是人们扮演的某个角色而已，并不是人生的全部。人生的路很漫长，应该努力使之变得丰富多彩。所以，我们才需要不断地成长。

放弃成长，就意味着生命失去了活力。如果一个细胞不再生长，等待它的就只有消亡，一个人的精气神也是如此。趁着年轻，尤其在三四十岁的时候，我们应该为自己寻找更多足以刺激自身成长的动力——试着把目光从一成不变的工作上挪开，以更加宽广的视野审视自我，这也许并不是一件难事。

定义自我价值，挖掘自身潜力，勇于挑战尝试新鲜事物，孜孜不倦地坚持学习……只有这样，人生才不会被“锈蚀”。永葆青春的奥秘，就在于永远保持孩童时代的好奇心，将游戏的娱乐性、开放性与探索未知领域的活动结合起来。这也是我们享受生活的不二法宝。

一般人眼里的“成长”不过是经验的累积，似乎不必经历磨炼，只要时间足够久，就能达成目标。很可惜，这只是一厢情愿的幻想罢了。从哪里跌倒就从哪里爬起来，以锻造耐力；看到别人的成就，不妄自菲薄，以磨炼意志；坚信成功并非一朝一夕就能取得，道路是曲折且漫长的——这才是真正意义上的成长。很久以前，我就为自己制定了一套成长策略。虽然它听起来平淡无奇，但确实卓有成效，那就是：

大道至简，始于修行。

真正的成长无法佯装

“修行”是个极其常见的概念，指的是为了追求真理选择磨炼自我的过程。“修行”的主体，并非仅限于远离世俗世界、参禅的得道高僧，普通人照样可以参与。

我们在日常生活中，无论在工作单位、学校，还是社会，总是重复做着同样的事情。我们的心智在这一重复过程中不断经受磨炼，就是一种修行。提起“成长”二字，人们总是习惯于以宏大的概念解构这一主题，殊不知一个人如果三天打鱼、两天晒网，未经日积月累的打磨，那么他很难有真正意义上的成长。

郑宝珠在与父母共同生活时，连酱油和醋都分不清楚，独自生活后开始自己学着做饭。第一年，只要提起“厨房”二字，她就开始犯愁，进厨房就像进学校教导处似的，简直生无可恋。可转眼到了第二年，做饭于她而言已经是小菜一碟了，她甚至能一次做好几道菜出来。刚开始，宝珠做一顿饭差不多需要一个小时，后来差不多只要十五分钟，可口的饭菜就能出锅了，她变成了一个干练的小厨娘。

成长就是一个不断历练的过程，就好比我们在地里播下一颗种子，必须假以时日，才能见证它生根发芽。无论是谁，都不可能一蹴而就，只有明白了这个道理，我们才能以平常心看待别人的“成功”。所谓“梅花香自苦寒来”，今日的成就，都是每个人日复一日、辛勤耕耘的结果。

为成就自我而努力

不知从何时起，韩国社会开始被愤怒所充斥，似乎随处可见火冒三丈的人。社会竞争白热化，养家糊口异常艰难……想必大家对这些问题早已心照不宣了。

即便如此，我们也不一定非要盲目拼命。把重心放在每一个小目标上，每天前进一小步，生活便会充满乐趣。

对于习惯对生活愤愤不平的人来说，只有买彩票中大奖，才算作真正意义上的成功。但这不过是一种只重视结果而忽视过程的行为罢了，日积月累才重要。只有吃苦流汗，我们才能正确看待别人取得的成功，不至于心生嫉妒。

只有每天不停前进，自尊心才能得到正向反馈；只有为自己奋斗，内心才能变得更加坚强。环视四周，无论运动、学习，还是经营个人爱好，那些实现了具体目标的人，一定浑身散发着正能量。不仅如此，充实的生活还让他们无暇愤怒。

2016年夏天，我离开韩国，越洋前往美国进修精神分析学。最初向周围人透露自己计划的时候，不少人都说“怎么突然要折腾去留学了”，或是纷纷称赞“勇气可嘉”，为我加油鼓劲。在别人眼里，做一个决定似乎再简单不过，可于我而言，这是深思熟虑的结果。大家都十分好奇我究竟是怎么下定决心的，可实际上留学计划已然在我腹中酝酿许久了。

我一直认为，人生经历的挑战，并非始于一朝一夕。所谓挑战，是日复一日努力前进的时间的总和。只要心中有梦，我们就应该采取行动，只有这样，才不会使梦想止步于纸上谈兵，这是每个人都应该掌握的成长法则。所以，在发现自己有一个宏伟但眼下暂时无法实现的目标或愿望时，我们一定不能放弃，而要用心呵护这份执着。

“虽然不太可能实现，但我还是希望人生能有所蜕变”，只要长存信念，内心的火焰就不会熄灭，生命亦能永葆鲜活。只要某个夙愿在心田播下一颗种子，人便会不自觉地朝目标迈进，为建造明日的高塔垒上一两颗小石子。不积跬步，无以至千里，小流终将入海，而梦想也终会实现。

每日前进一小步
目标终有实现日

只要我们把这两句话牢记心头，生活一定会在自我成长的过程中变得有滋有味。

成长就是一个不断历练的过程，就好比我们在地里播下一颗种子，必须假以时日，才能见证它生根发芽。

把重心放在每一个小目标上，每天前进一小步，生活便会充满乐趣。

第二章

身处变处，静待成长

人生过半，经历混乱

大概很多人都有过慨叹时光飞逝的经历：“我都已经三十岁了？大好的青春一去不复返啦！”但回首往事又发觉，好像三十岁的人生，与二十岁的并无太大的不同。在慨叹青春易逝的空隙里，年龄马上就跳转到了三十五六岁。“眼瞅着就到四十岁了，这辈子已经过完了一半，却一事无成。”一想到这里，很多人便顿感无力。每每面对年龄的更迭，人都会经历试图“清算”过往人生的心理变化。其中，唯独四十岁是一个坎儿，很多人都会在这一时期感到混乱与迷茫。

年轻的时候，即便头一晚与朋友们彻夜狂欢，我们还是会满心欢喜，期待新一天的到来。可随着年龄的增长，肩上的责任与义务也随之加重，过去的幸福与喜悦瞬间烟消云散。经历过尘世的洗礼，我们似乎已经走到了顶峰，再也无法向上突破，此时心里自然会变得焦躁不安。

无痛苦，不成长

年有四季，人有四时。心理学家埃里克森因在其理论研究里把人生划分为八个发展阶段而名声大噪。

二十五六岁的时候，我们的身体彻底停止了发育，并逐渐开始衰老。与此相反，精神或心理层面的成长会一直延续到生命的消亡。在某个特定时期，只有心理状态足够成熟，人生才会向下一个阶段迈进。但这并不意味着成长本身是一帆风顺、扶摇直上的，它其实是一个螺旋上升的过程。前进一段路程，偶尔后退一小步，并不意味着失败，更不意味着回到原点。成长的真相，就是进中有退、退中有进。在某个人生阶段里，我们总会经历彷徨与迷茫，但只要稍做休整，便会成功迈向下一个阶段。

一潭死水，全无波澜——一个人的人生如果停滞不前，便如死水一样，再无成长可言。对于这些人而言，经常性的退缩会造成其世界观的扭曲，结局也就指向不幸。人生陷入停滞状态的人，常常眼界狭隘，根本无法履行对社会、对他人的责任。

所以，成长究竟是难是易？无论停滞不前还是奋勇前进，成长之痛，众生平等。人一般在换季的时候免疫力会下降，容易伤风感冒。免疫力的下降意味身体失去了平衡，一旦身体适应了温暖的气候，如果突然遇到冷空气，就会难以适应。这一原理并不只适用于描述健康与天气的关系。比如，一个人突然搬到了一栋漂亮的房子里，可由于其身体无法适应周遭环境的改变，反而会产生一定的心理压力。

赫尔曼·黑塞的《德米安》以及杰罗姆·大卫·塞林格的《麦田里的守望者》，一直被誉为优秀的青少年成长佳作，能带人走出混乱与彷徨。但也有不少正经历成长阵痛的成年人选择阅读这类书籍，并从书中寻求某种共鸣。所以，自我认同的混乱并不仅仅局限于青少年。

人生周期一旦发生变化，我们的身体和心灵自然而然会遭遇适应性障碍。从学校走向职场，从未婚变为已婚，再或者有朝一日为人父母……人生的每个转折点都好比一次换季，经历焦虑与混乱在所难免。但这种恍惚并不是一件坏事，而是一种常见的自我认同混乱，它会成为引领一个人未来发展的动力。一个人走出原有的舒适圈，在新的环境中实现人生的平衡，并非易事，所以一旦我们需要与过去告别，痛苦便随之而来。想要获得成长，我们就一定要学会忍受痛苦，同时以强大的耐力，实现与周围的融合。这种过程循环往复，便构成了成长。

白慧善是美国克利夫兰音乐学院的首位亚裔钢琴教授，我曾经读过一篇关于她的采访。我隐约记得她三十岁时的样子，也听过她弹琴，但自从她前往美国，便杳无音信了。时过境迁，再看到她的消息时，她已经五十多岁，并且成了两个青春期孩子的母亲。活跃在古典音乐领域的韩国人，至今都凤毛麟角，但在二十世纪九十年代，白慧善就已经成为一颗活跃在钢琴界的新星了。但当时的她，毅然辞去首尔大学的教职，选择前往纽约。采访中，她这样说道：

> “当然，也有音乐家把音乐当作自己的信仰，执着于演奏事业，他们选择不婚或者不育，只专注于音乐这一件事。当我飞往世界各地……发现三四十岁的女性演奏家往往是最累的。但这段人生经历使我更加成熟，也增进了我对音乐的理解。”

从只言片语可以看出，在音乐的背后，白慧善不仅战胜了痛苦，还收获了成长的喜悦。

成长，就是量体裁衣

我们经常讲“做一天和尚撞一天钟”，孩子就要有孩子的玩法，成年人就该遵守成年人的游戏规则。自己是什么身份，言行就理应符合这一身份的要求。大家可能都有过衣服不合身、浑身别扭的经历吧？简单来讲，所谓自我认同，就好比一件合身的衣服带给人的安全感及舒适感。

而这种舒适感，往往只有当自己符合某种社会身份时，才能够悉数获得；相反，则可能造成认同危机。只有穿上了合身的衣服，我们才能顺利完成工作，扮演合适的角色。成年人通过生产实现自我价值，这一过程中的核心产能，包括为人父母、自身事业、创造性活动等要素。无论是运动员、艺术家还是白领，都有实现自我价值的一套方法。当我们把人生与丰富多彩的生产实践结合起来时，便能克服困难、感受幸福了。一旦全身心投入自己所追求的事业，我们就能实现自我成长。

人生就是一场永不止步的旅行，虽然有时走走停停，但总归要一路前行。逆水行舟，不进则退，人生亦是如此。一个人的成长，需要用一生去丈量。

不过，韩国社会早已放弃了自我成长，“未老而先衰”。参加国际会议时，我们就能发现，国外70多岁的老人依然精神矍铄，眼神里写满了对知识的渴望；参加韩国国内的学术会议时，却很少能见到白发苍苍的老年学者的身影。

不管多年轻，一个人只要拒绝成长，便成了老人；反过来讲，只要老年人不断成长，便意味着他青春依旧。一个人只要依然成长，就意味着他已经抵御了衰老。一个人的成熟无法被定义，其精神世界的成长，亦广阔无垠。

人生周期一旦发生变化，我们的身体和心灵自然而然会遭遇适应性障碍。

人生的每个转折点都好比一次换季，经历焦虑与混乱在所难免。

换个视角，人生将更加精彩

“框架”在词典里被解释为“画或者窗户的外廓”，平常我们还把这个词同规格、思维等搭配，一起使用。即便是把它解释为结构或格局，也基本符合其含义。

每个人都有自己独特的世界观。手捧这本书的读者，你们正在以何种视角观察这个世界呢？幸福的利己主义？或者是不幸的利他主义？还是二者皆有？诸如这些概念，我们都可以称之为框架。人人都有观察世界的独到视角，一套固定的思维模式、思考框架能给予人足够的安全感。但有的时候，这种僵化的思维定式也会将人与外部世界隔离，使人最终陷入孤独。

这时，我们就有必要提出“重塑”的概念了。前些日子整理衣柜的时候，我翻出了丈夫几十年前的婚礼礼服。可是以他现在的身材，早已经穿不上了，而且那件衣服的边边角角也已经变形。可如果就这么扔了的话，感觉有些可惜，于是我把它送到了裁缝铺做了一些修改，让它重新焕发了生机。改衣服的过程就相当于一个重塑的过程，意味着我们需要在原有的框架内，加入一些新的元素。

以不同的视角，解读同一个年龄

忘了是什么时候，我在一次聚会上结识了一位年轻的女士。她满脸悲壮地对我说："我昨天刚过完三十岁生日。"三十岁于她而言，仿佛一个永远不能闯入的禁地，只要踏进半步，不幸将接踵而至，到时候必然追悔莫及。

对于女性而言，三十岁就像是某种烙印，只要刻在身上，就意味着自己已经与青春作别。所以，她一口一个"我都三十啦"，足以充分体现出这一事件在她心里造成的冲击之大。难道不是进入三十岁后，人生才正要扬帆启航吗？有不少人觉得，既然自己已经长大，就再也不愿意回到懵懂的青春岁月了。这话听起来虽然有些奇怪，却是一部分人的肺腑之言。四十岁的安吉丽娜·朱莉在一次采访中向媒体坦言："现在的我，成熟了不少，也稳定了不少，我可不愿意过以前那些日子了。"所以，每个人对年龄的看法也会受到自身思维定式的影响。

一个人如果总认为自己绝不能再变老，眼下就是年龄极限的话，那么他一定会感到抑郁与焦虑。换个视角，如果把眼下的每一天当作未来人生最年轻的时光，他可能就会浑身充满能量了。老人心态与青年心态，只是思维模式不同而已。

思维模式还会影响恋爱与婚姻。众所周知，恋爱与婚姻有着根本的不同。如果说恋爱是靠你侬我侬的热情维持的某种关系，那么婚姻则要求人们在冲突与磕磕绊绊中度过一生。就像“人”这个汉字一样，相互扶持、相互依赖才是维持一段长期关系的秘诀，光靠冲动与激情维持的恋爱关系，则与之大相径庭。

携手共度一生的夫妻

变化的人生更安全

一生之中，我们总要经历几次转折，通过几道关卡，每个人的通关条件也不尽相同。刚开始时，各类战略、观点都显得苍白无用，只能兵来将挡、水来土掩。这时“重构”我们的思维框架就显得十分必要了。

在这些转折点中，最令人感到疲惫与痛苦的，非四十岁莫属。四十岁之前的人生，可以被称为“上半场”，而此后的人生，就进入了“下半场”。很多人问我四十岁究竟意味着什么？我会告诉他们，旧生活的支柱会在这一时期悄然消失：职场遭遇“天花板”，不得不寻求新的突破口，婚姻生活也将出现变化，现有的人际关系将面临重组……生活的变化迫使我们做出选择：究竟是要被生活追赶？还是要转变思路主动出击？

孝珠十年前参加工作，现已辞职，她本人正站在三四十岁交替的分岔路口。五年前，她开始筹划运营一间线上的家装用品商店，与此同时，她也即将从一名未婚人士变为已婚人士。年近四十、自主创业、走进婚姻……孝珠正在积极经营自己的人生。为了拍摄背景插画，她还准备利用两个月的时间走访日本与欧洲各地。

“产品图片是网购的关键，为了使产品拥有独特的卖点，背景、插图必须丰富多彩。另外，房间面积的大小也会影响家装风格。”她一边说，一边给我展示她密密麻麻的出差计划。最令我印象深刻的是，为了防止图片被盗用，她还制订了计划，有目的地保护自家网店的合法权益。

即便如此，她的网店筹备计划也并非顺风顺水。当她决定放弃颇有前途的工作、选择自主创业时，周围的反对声此起彼伏。

有些人开门见山：“你为什么偏偏就要蹚这趟浑水呢？你以为开网店那么容易啊？”有些则循循善诱：“先把婚结了，再考虑也不迟啊。”正因如此，孝珠才做了这些看起来滴水不漏的计划。在别人眼里，这也许并不是一条“非走不可”的路，但对她而言，则是“义无反顾的选择”。

当与变化面对面时，我们即便没有孝珠那样坚定的信念，也应该转变思路，主动迎接挑战。人生就是如此，不进则退。不做任何准备，一头扎进漩涡，必然惊慌失措。“变”与“不变”虽然听起来像两个相悖的概念，却是辩证统一的。

在变化中实现富有意义的成长

罗尔夫·多贝里在《明智行动的艺术》中提到，拥有足够的力量纠偏远比拥有所谓的高起点重要。可是很多人在纠偏的过程中遭遇失败，跌入思维的陷阱，便选择随波逐流。这里所说的“陷阱”，就是我们常讲的思维定式。如果不能跳出固有的思维模式，逃离不幸也就无从谈起了。

作者在书中，把人生比作开飞机航行：即使轨迹和目的地已经确定，但仍需要驾驶员根据风的情况在途中进行调整。对照婚姻来看，与其执着于寻找所谓的“灵魂伴侣”，还不如和现在的伴侣共同努力，使双方的关系变得更加和谐融洽。

人到四十，便站在了全新的起跑线上。这一变化可能会使人暂时经历混乱，但只要咬牙坚持，便会取得胜利，占领一片全新的高地，走向人生巅峰。

极富意义的成长往往都是在这种变化中实现的，正所谓“时势造英雄”。在人生的分岔路口，我们只有经历解构、重组，才能创造出最新的成果。变化会招致一定的风险，人亦有可能因此止步不前，并拒绝采取行动。但转念一想，如今的成就不正是过去的变化不断积累形成的结果吗？用全新的视角审视现实，充分考量现有的条件及人际关系，跳出固定的思维模式，我们的言行也会随之发生变化。

人生就是如此，不进则退。不做任何准备，一头扎进漩涡，必然惊慌失措。

“变”与“不变”虽然听起来像两个相悖的概念，却是辩证统一的。

尝遍酸甜苦辣，才能收获成长

时髦是一个十分狡猾的概念。满大街紧巴巴的牛仔裤、风靡大众的热裤，宣告了“潮叔时尚”的到来；母女二人，共享同一种着装风格，也早已不是新鲜事了。现如今，成年人的时尚已经与过去大不相同，它与年龄无关，更注重个人取向与精致干练的表达。

精致儒雅的成年人十分具有吸引力。我倒是希望，社会上能多一些注重自身衣品，由内而外散发着孤独、高贵气质的人。

当今社会的发展，可谓瞬息万变，人们似乎越来越害怕衰老。青春不再，固然令人惋惜，但“年长”并非一件坏事，因为岁月的沉淀，将给予人生宝贵的馈赠。

到一定年纪才明白的道理

这世界总会有各种各样的契机，能够让我们意识到自己已经不再年轻：比如眼角的皱纹、突兀的白发，还有看小字时不自觉眯起来的眼睛……虽然岁月夺走了我们的青春，但这并不意味着我们一无所获。岁月一路走来，会留下属于自己的痕迹。随着年龄的增长，人也会明白更多的道理。无论多么优秀，一个人年轻的时候也不会全知全能。

随着年龄的增长，人会逐渐意识到这个世界并不以自己的意志为中心，很多令人唏嘘的结局，也并不是靠努力就可以改写的。当一个人意识到自己的能力尚有极限时，有可能会选择后退，但这并不是无能的表现。孩提时代的梦想，也许不过是黄粱一梦；年轻时雄心勃勃的计划，可能早偏离了预设的轨道。其实，这都是对我们心智的一种磨砺。

在这样的磨砺中，人不仅学会了放过自己，也懂得了宽容他人。经历过失败与挫折的人，无论是面容还是心态，都会像大树的年轮一样写满故事。虽然花样年华已经逝去，但人生越来越精彩。岁月的沉淀带来了经验与思考，可以使我们的生活更有情调。而这种魅力，与年轻人无关，堪比无价之宝。当修养、知性、礼节深深沁入人体，便能形成一种只属于成熟者的独特风格。

终获幸福

有一档叫“忽然变老”的电视节目，其中一期的标题引起了我的注意，上了年纪的人可能会产生共鸣。虽然我们已经成年，可每每听到“成年”这个词时，似乎还是会觉得有些陌生。人们总开玩笑说：“道理没懂多少，就已经年过花甲了。”但这句话实际还告诉我们，年龄与成熟并不对等。著名哲学家金亨植教授坦言，自己六十岁之前，很多方面都不是很成熟，六十岁之前根本不知幸福为何物。他补充道：“如果能够活到一百岁，六十到七十五岁之间，才是人生的黄金时期。”

人会对不幸抱有恐惧心理，并期待自己能够一生幸福。换句话讲，就是只要开心，不要失落。那么，这能否实现呢？幸福与不幸，就好比硬币的正反两面，相生相伴。无论开心还是痛苦，都不可能一直延续，幸福总是与不幸相随，交替出现。只有尝遍美食，我们才能分辨各种滋味。只有经历过人生的酸甜苦辣，饱经岁月的洗礼，我们才能体会幸福的味道。

许多人会为逝去的青春痛苦惋惜，反而很多真正上了年纪的人表示自己不愿再年轻。实际上，是他们不愿再次面对曾经那个青涩稚嫩、不懂珍惜幸福的自己了。二十岁时，我们大概有过这样的困惑：那些四五十岁的人，生活的乐趣究竟在哪儿？可实际上每个年龄层的人都有属于自己的快乐。造物主的高明之处就在于，他为人类准备了一份按照年龄分类的快乐清单。说不准在某一时刻，那些曾经属于二三十岁的快乐对我们来说会变得索然无味，于是我们便开始寻找全新的乐趣。

“现代管理哲学之父”查尔斯·汉迪与妻子伊丽莎白·汉迪曾经倾听29位平凡的六旬老太讲述自己与幸福的故事。这些人都有一个共同的特点，就是她们都不以年龄为借口自甘堕落，而是勇于挑战自我、争取幸福。她们说，当自己从过去生活的牢笼中被释放出来时，她们才开始真正感知生活、感受幸福。

众所周知，韩国幸福指数并不是太高。大家热衷于在脸书上作秀，上传一张张虚假幸福的照片，上演一幕幕虚假幸福的闹剧。如果韩国人依旧热衷于自我感动、相互攀比，那幸福可能永远无法到来。

我所期待的良师益友

一位外国名人在接受电视台的采访时被问道：“应该如何定义成功的人生呢？”他回答：“被尊重，被需要，被信任。”虽然这是我无意间看到的内容，但足以使我落泪。现实生活中，很多人生活在这三种理想状态的对立面。他们毕生都在寻求尊重，为自己所受的孤立抗议，他们奔走呼喊，只为求得别人的信赖。

不知从何时起，韩国社会的长幼秩序似乎消失殆尽了。在家里，父母应有的权威早已不见；在学校或社会里，难以找到值得推心置腹的人。伦理的缺失造成了许多问题。实际上对于一个人来说，如果能够拥有一个值得自己尊敬的人，着实是一大幸事。拥有慈父（母）、严师的人，无疑是幸运的。特别是青年时期，在人格不断被塑造的过程中，我们每个人的确应该拥有一位值得崇拜的偶像。

年近四十，工作单位或社会上熟识的前辈纷纷退休，离开了岗位。过去，只要抬头就能看到他们的身影，意识到自己的不足，而现在我们只能踽踽独行了。我也希望自己能够成为某个人的良师益友、值得信赖的长辈、值得尊重的对象。也许，“被尊重，被需要，被信任”也是成年人不可阻挡的人格魅力吧。

只有尝遍美食，我们才能分辨各种滋味。

只有经历过人生的酸甜苦辣，我们才能体会幸福的味道。

只有饱经岁月洗礼的人，才能感受真正的幸福。

何时能够感知幸福，何时才算真正成长。

事与愿违，世间常态

年岁越长，余生越短。人生阶段不同，人们对时间的看法也不尽相同。假设人均寿命为 90 岁，对于一个踏入而立之年的人来说，未来的十年，不过是其余生之六分之一；而若他年逾花甲，未来的十年于他而言，便成了余生的三分之一，二者几乎相差一倍。因此，老年人的生命里绝无“犹豫”二字可言。即便吃到一家不错的馆子，他们也很难讲出“下次再来”之类的话了。人一旦上了年纪，似乎就会把每分每秒当作生命的全部一样过，因为老人们总会不自觉地联想“大概这是这辈子最后一次来济州岛玩儿了，可能是最后一次家庭旅行了……”。

虽说年龄不同，对待时间的态度也不同，但生命里绝无任何一个时段，能如老年一般，使人惜时如命。老年人似乎每天看什么都别扭，见到谁都想吵，但他们很快就会消气，因为不想把时间浪费在坏情绪上。如果人们能早点儿借用这种“老人心态”，就能尽快摆脱因小事惆怅、因他人费神的生活状态了——似乎也不错。假使人生时不久矣，我们本应无所顾忌，专注于真正重要的事。不是吗?

如此一来，人们大抵可以不再执着于当下，而更关注终点，进而为自己制定可以长期套现的人生规划了。所以，我想向时下的年轻人推荐这种“预支未来”的生活方式。其最重要的意义并非在于知悉自己如何安享晚年，而是可以通过体察老年人的生活来调整自己当下的状态。

生活既不能尽善尽美，亦不能称心如意

图书馆主页的“创意小品文讲座”上线后，一位作家好友也提交了选课申请。第一节课开讲时，共有八名学生参与，大家逐一自我介绍并简述了自己选课的理由，朋友激动地向我再现了当时的情形。

她说其中让她印象最深刻的就是学生的年龄了。班上的同学大多是六七十岁的老人，他们选课的目的也并非“凑凑热闹”，而是无一例外地认真走进了课堂。

> “我还以为大家都是因为在家里无所事事才报名听课的。”

“但看起来并非如此啊？”

“除我之外，他们都是特意选好时间去听讲座的。”

后来，当大家讲述自己选课的理由时，我的这位作家朋友说，她听到了许多常人也许根本无法忍受的苦难的叙事。有人一觉醒来，发现身旁的爱人悄然离世，有人因为突发事故失去了一只眼睛，有人白发人送黑发人，还有人因“损人利己”而无法摆脱内心罪恶感的煎熬……往事历历在目，他们也需要时间走出阴霾，抚平记忆里的伤痕。

如果用一句话来总结朋友口中的“苦难叙事”，大概就是“人生之路各不相同，没有人能十全十美”。这句话也许有助于我们理解生活的真谛。既然生活无法尽善尽美，那么只要一天比一天悠闲自在，似乎就算不错的状态了。调整心态，静观其变，属于自己的一定会出现，错过的也坦然面对，只有这样，我们才能够及时止损。

我一直觉得，事与愿违才是人生常态。如果我们从一开始就能洞悉人生这不够温情的一面，或许也就不会对生活抱有更大的期待了。最奇妙的是，当一个人开始试着无欲无求的时候，他的收获反而会与日俱增。这就是人生。

减少依赖

如果仔细观察老年人的生活，我们就可以发现他们十分擅长在“扔什么”与“留什么”之间做出选择。如果“高效”是年轻时代的高频词，那么“依赖”便是年长人生的主旋律了。比如假设没有女儿的协助，六十岁的母亲将无法完成电子身份认证；没有儿子忙前忙后，年迈的父母吃喝拉撒都成问题。正因为老年人需要依赖别人，所以他们才无法实现人生的自由。如果想要过上富有格调的老年生活，我们就应该对这种“依赖度”进行有效的管控。所以从四十岁开始，我们就应该着手对今后二十年的生活谋篇布局了。

就拿金钱和健康来说，对子女而言，父母的健康最为重要，“久病床前无孝子”并非戏言。把年老多病的父母送进养老院，从此便脚底抹油、不闻不问，无异于现代版的高丽葬[①]。那么，如果身体健康，但只是没钱，情况会不会好一些呢？事实上，在这种情况下，老年人依然会受尽子女的白眼，否则也不会有“不到万不得已，死前不留半文”的说法了。一个人如果身体健康、手握财富，不仅子女会环绕身边，来往的亲朋好友也会络绎不绝。

---

① 朝鲜半岛高丽时代的一种习俗，指将家中的老人放入深山任其死亡的行为。

这并非因为人心善变，而是现实本就如此。如果站在道德的制高点，我们可以轻易批判一个人“为人子女，让父母老无所依，简直是大逆不道”，但这未免过于天真。

我们赖以生存的是一个有血有肉的现实社会，并非被道德感充斥的世界。纵观韩国社会，当某一现实问题亟待解决时，“道德的声音”总会准时现身，对其进行批判，可这种所谓的“道德”不仅对解决现实问题毫无裨益，反而早已成为人们逃避现实的手段，根植于每个韩国人心中，可这并非解决问题的良方。把现实当作人生的底色，道德和理想次之，才是更为实际的策略。如此一来，假如第一层的问题不能顺利解决，自然也就没法逃至第二层了。

总的来说，人生在世，总有一天需要“依赖”他人，虽然这种宿命无法被改写，但我们可以推迟它的到来。所以从三四十岁起，我们就应该把“健康、金钱、人际关系”三者，按照各自的重要性排序，并以此为蓝图规划今后的生活。只有保证以上三大资源足够充沛，老后才能畅谈“人生意义”，尽赏“风花雪月”。保持尊严必备的要素远比我们想象中的要多。健康与金钱，并非一朝一夕就能凭空拥有，但与那些宏大渺远的“成功”相比，二者的重要性自然不言而喻。

事与愿违才是人生常态。如果我们从一开始就能洞悉人生这不够温情的一面，或许也就不会对生活抱有更大的期待了。

当一个人开始试着无欲无求的时候，他的收获反而会与日俱增。

以广阔的视野审视现实中的自我

如今很多三四十岁的人，依然“延续”着他们二十岁时的心态。无论结婚与否，他们仍渴望得到异性的关注；他们期待自己能够成为某一领域的神话，在人群中熠熠生辉；他们还希望自己能够纵享尘世中的一切荣华富贵，可生活总是急于逼迫他们谢幕。然而在他们心中，生命这场大戏似乎还未真正上演。

贤诚是一名四十岁的上班族，据说他曾经接连多日做梦，梦到自己成为一名韩流巨星，甚至因此患上了“歌厅恐惧症”。不过，平日里他对唱唱跳跳毫无兴趣，梦境中却十分诡异地不断出现自己走上舞台的场景。实际上，这类梦境不过是他自己的“幻想”而已。从根本上讲，明星并非生来就深受大众喜爱，明星受到的关注及他们享受的生活，对普通人而言，既是梦境，也是某种幻想。

幻想，是一个与现实相反的概念，它充当我们日常生活调味剂的角色。在精神分析学领域，幻想也存在一定的积极效用，可以修复我们受损的自尊，抚平心灵的伤痛。但现实社会里的逻辑无法在幻想世界中发挥作用。孩子们在自己的幻想中扮演全知全能的角色，他们认为自己可以掌控周遭的一切事物，为所欲为。于他们而言，由于“自我”仍未成熟，判断现实世界的能力不足，所以在孩子们眼里，世界只有自己。

不过，孩子总归只是孩子。下班回家后，人们一般会脱掉穿了一天的工装，同理，既然已经成年，人们自然也应当抛弃过去的种种幻想，实现“脱离幻想”的目的。人生发展到一定阶段的时候，人们会逐渐与幻想分道扬镳，在现实生活中完成自我定位，同时完成更富有凝聚力的人生系统的构建。简而言之，所谓“脱离幻想”，就是使腾空的双脚重新踏上地面的过程，是某种无法回避的“成人礼”。

我们常常对二十多岁的年轻人讲，人生需要怀揣梦想，却基本不会劝说一个三十岁的人一定要坚守理想。当一个二十岁的年轻人遭遇挫折时，我们会说“失败乃成功之母”，为他们加油鼓劲，但当一个四十多岁、已经成家立业的中年人面对失败时，我们大概只会责备他准备不周了。如果说二十岁是一个人的“幻想时代”，那么三十岁以后的人生便进入“脱离幻想”的时代了。

无处藏身的无力感

“脱离幻想”的第一步，就是果断处理内心的躁动。当一个人的内心寄希望于幻想而现实却要求他脚踏实地时，其心灵便会产生巨大的落差，而在修补这一落差的过程中，他难免会感觉无力、抑郁，就像患上了一场伤风。

因此所谓的无力感，不仅不是什么大问题，反而是人人都会经历的成长之痛。如果说二十岁是逐梦岁月的话，那么客观上讲，三四十岁就是利用资本和人脉，重新衡量梦想是否具有实现的可能的人生阶段了。一个人即便拥有起死回生的能力，当他醒来后发现生活还是老样子时，无力感也还是会随之而来。梦境无法供养生命之花，只有在现实世界里，生命之花才能够怒放。

年轻的时候，忽视现实条件去追求理想，也许会倍受称赞，并取得令人满意的结果。但人生如果因过于理想化而止步不前，就必须接受现实、放弃幻想了。因此，无力感不仅并非坏事，反而十分有必要。人体一旦遭受病菌的攻击，身体会以发热或者出汗的方式来释放信号。同样，无力感也可以被视作身体的某种信号，只不过并不危险罢了。它告诉人们，内心充满抗拒会催生更大的问题。正视无力感明明会产生积极的效果，大部分人却选择回避或干脆将其彻底擦除。

“每天忙得不可开交，我的人生简直无聊透顶。我明明有很

无力感袭来

多事要忙，而且做起来感觉也不是那么枯燥。但为什么还是觉得生活毫无乐趣可言呢？”

这是贤诚来诊室接受治疗时对我说过的话。与同事相比，他的业务量更大，可依然找不到生命的意义。聚精会神完成某项任务后，他偶尔会问自己：“我究竟在做什么？”

归属感缺失，我还是我吗？

对于贤诚而言，这种“必不可少的无力感”已经释放信号，并向他袭来。当公司里的同事们埋头工作，生怕自己因无所事事而被一脚踢出单位时，贤诚因为资历老，早早便进入了事业的稳定期。但他回顾过往才发现，自己不过是为维持现状而奔命，人生并无闪光点可言。如果把生命比作一本日历，贤诚这一本日历似乎只有一个个平淡无奇的黑色数字，丝毫没有任何出彩的标注。

为此，我建议他今后只做自己“想做的事”，而非“该做的事”。因为一个全新的、值得全神贯注的兴奋点是支撑人生下半场竞技的必备品。

不过，当我向一些三四十岁的中年人提出上述建议时，有人反问：“去哪儿找这些闲工夫？”的确，这些人把有限的生命几乎毫无保留地奉献给了养娃、还贷、工作，看起来的确没什么“闲工夫”。但我对他们讲，如果现在不这样做，以后就更没机会了，因为一旦人生过半，即便发现了值得自己投入精力完成的事物，也再无专注的可能性了，时间是一个原因，身体条件也是不可忽视的要素。与其到时候赶鸭子上架，还不如早做计划，提前开始。所以，我们要发挥自己的聪明才智，利用业余时间发展更多的兴趣爱好，并从中挑选一到两个作为今后重点培养的对象。

善敬是一名自由职业者，也是旁人眼中的“临时工”，尽管曾经有单位承诺可以与她签订正式的人事合同，但善敬仍然选择维持自己目前的身份。“年轻的时候选择投靠某一组织，多年后如果从中出走，丢失了归属感，我还是我吗？”善敬的这番话，给我留下了很深的印象。她坦言，自己年过四十才明白，在失去归属感、重新寻找自我的过程中，不断试错是一段必不可少的经历。

不仅如此，善敬还说如果一个人保持在职状态，同时寻找“第二职业”，那么无论是心理上还是经济上，都不会有太大压力，她计划用两年左右的时间在某一领域进行深入学习，比如用两年的时间学习谈判技巧，用三年的时间学习设计等。

人生并非一场宏大的叙事

我曾经看过一部电影，虽然忘记了名字，但依稀记得主人公退休后远望写字楼的场景。他说：“我在那儿工作了几十年，但哪怕是里面的一张打印纸，都未曾属于过我。”

生活不会给予任何人特殊的馈赠，哪怕某人是权臣、富豪，或是盛极一时的野心家。无论工作单位的办公设施如何一流、业绩何等耀眼，说到底与个人的关系都不是很大。如果按照这一思路解构职场与个人的关系，人难免就会感到空虚。不过，这种空虚感与财产、权势无关，它是每个人生命中的不速之客，常常会不请自来。

精致华丽并不能永远得以保全，杂乱潦草才是人生常态。对于一个人而言，无论其出身贫贱富贵，最终都会拥抱死亡，如果他曾受到别人的赞许，享受过高光时刻，人生便足够精彩了。我们只有接受这一概念，人生所有的成长才富有意义。实际上，“脱离幻想”是一种必备的思维模式，它像一面棱镜，为人点亮现实世界之光，使人不再计较得失。此时此刻，我们必须以更加宽广的视野重新审视“现实中的自我”。

“别抱太大期望。”

我常常对前来咨询的患者讲起这句话，因为人生并非一场宏大的叙事。无论一开始就立志出人头地，还是假设自己必然穷困一生，都好比两道不成问题的问题，根本无法解答。稀里糊涂、吃好睡好，就是一种幸福。这话说给成年人听，难免会让人觉得有些幼稚，但我坚信这才是实现幸福的基本要素。如果对这一前提不管不顾，一心只想成龙成凤，极有可能因偶然的成功或挫折而情绪反复，人生遭遇大起大落。

如果说二十岁是逐梦岁月的话，那么客观上讲，三四十岁就是利用资本和人脉，重新衡量梦想是否具有实现的可能的人生阶段了。

从现在起，注重内外兼修

年龄不同，人们对自尊的看法也不尽相同。年轻时，人们会将自尊定义为自信，不惧怕失败，即便遭遇难关，也要勇往直前，要继续为毕生的幸福而奋斗；随着年龄的增长，自尊便化身为人们敢于接纳自我的勇气。优秀也好、平庸也罢，被裁员也好、升迁也罢，平静接受自己扮演的所有角色，并默默支持自己，才是自尊的真正含义。

做心理医生的这些年，我在诊所里里外外结识了不少成功人士。这些人虽然在某一领域获得了巨大成功，但很少有人知道，他们心中也有钦慕的对象——那些身为配角，却依然乐在其中的人。

这是怎么回事？这些成功人士本已名利双收，为何心中仍有缺憾？但诸如此类的疑问，不过是我们一厢情愿的想法罢了。当一个真正自尊自爱的人为自己的小确幸得到满足而感到幸福时，大部分人往往会对此心生嫉妒、不屑一顾，甚至不忘丢下一句：“哪怕丢一粒米我都要心疼半天，你整天有什么可乐呵的？”

所谓自尊，并不能以住宅大小、资产多少来衡量。不过在世俗的标准下，似乎只有在首尔的江南地区购入豪宅，提高自身的格调，自尊心才能得到满足。但这不过是一种不甘落后、急于表现自我的心态，与“自尊”的要求相距甚远。真正的自尊是指尊重自我，不理会他人评价，为自己感到骄傲、自豪的人生状态。

环顾四周便会发现，我们身边总有一两位这样的朋友：他们的经济条件不甚宽裕，却能积极面对生活，同时幸福感也不低。我们也许会轻蔑地问：“他怎么看起来还是那么悠闲？难道他不觉得自己混得不如别人吗？”事实上，我们不过是难以掩饰心中的羡慕之情罢了。当今社会，你追我赶，竞争无处不在。影视作品里的配角即便在观众面前露脸的机会不多，但他们依然能够摆正心态，面对生活的沉浮。这种在时光沉淀里锻造而成的出色能力，是他人永远无法轻易获取的。

深陷自恋

贤珠拥有不俗的外貌、极高的情商，再加上本身家境殷实，所以十分享受“集万千宠爱于一身”的感觉。同时，她性格乖张、好出风头，任何事都要争第一、占先锋，绝不允许自己落后他人半步。找我做咨询的时候，她说自己在日常生活中习惯把周遭的一切事物划分为不同的等级。这点令我十分惊讶。比如，食品一定要去新世界百货买，办公地点必须位于江南、光化门、汝矣岛其中之一，买包一定要符合二十岁女性的气质，逛商场一定要横扫奢侈品店。如此生活，乍一看可能很令人羡慕，实际上却充满了十足的世俗气息。贤珠毫不掩饰地说："没本事的人才会准备一套备用方案。"可让她没想到的是，自己也有寻求心理医生帮助的一天。她曾以"国企白领"的身份骄傲自居，可由于单位因故需要搬离首尔，她不得不选择辞职。

> "我再也没有能拿得出手的名片了，当今社会没有名片简直寸步难行，甚至等同于迷失自我。"

贤珠有一个在体制内工作的亲姐姐，手捧铁饭碗，旱涝保收。与她进行一番对比后，贤珠不自觉地开始封闭自己，辞职后更是断绝了与任何人的来往。个中缘由，不言自明——名牌服饰、高档汽车，需要同样耀眼的职业与之相配。当目空一切的优越感成为习惯后，职场生活的变化使自己"从此不再特别"，由于无法接受现实，心中的羞耻感便油然而生。

有些人的确如此，独爱"看得见的自己"。无论何时何地，

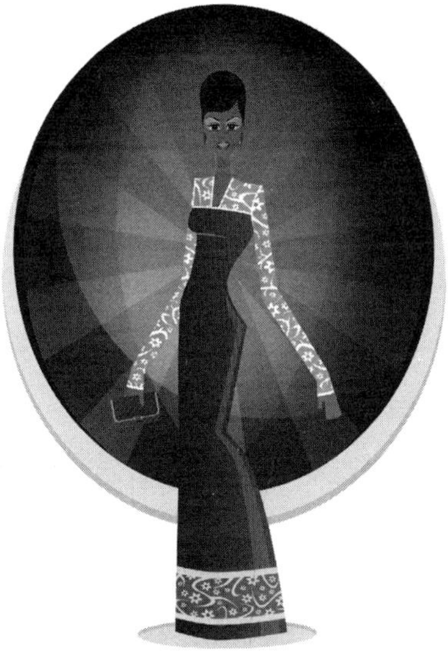

追求华丽外表的人

这类人总是渴望得到他人的赞许，期待别人大肆褒奖自己的出色才能。我们一般会把这种情结称为“自恋人格”。

所谓“自恋”，就是在自大心理的驱使下过度放大自身重要性的行为。我们从贤珠的例子里可以看出，自大的人往往十分自卑。一个人越是狂妄，就越是喜欢追求华丽的外表，以此来包装自己，将短板严严实实地包裹起来。

“自尊”和“自大”往往是两个容易混淆的概念。如果过分强调自尊，便是缺乏自信的表现，最终会导致一个人的自大。所以，自大的人一般会近乎偏执地维护尊严，以免自尊心受损。

对于自恋者而言，即便是一次无足挂齿的失望，都会被其渲染为一次巨大的挫折，他们的人生也从未接受过“承认失败”的训练。他们就像从小接受溺爱、娇生惯养、自私自利的孩子一样，“屡战屡胜”带来的优越感使他们形成了某种病态的“自恋”情结，可实际上如同空中楼阁，轻轻一碰便轰然坍塌。能够正确“自爱”的人往往都明白不必事事追求完美的道理，即便遭遇失败，也能够积极面对，绝不妄自菲薄。

失败无疑是痛苦的，但正是这种苦难，才能磨砺意志，使人绝处逢生。曾经走入低谷的人面对失败才能岿然不动，因为他们确信失败只能使自己变得更加坚强。心性的成熟亦离不开失败的历练。失败不仅能使人自省，还能像维生素一样，使人充满韧性。所以，只有保持适当的自尊，经历适度的痛苦，人才能学会如何“自爱”。

如何成为“并不完美的赢家”？

哪怕无钱无势，但只要品行高尚，这又何尝不是一种完美人生？我们明明可以通过总结生活的教训不断自省，以丰富精神世界，却似乎更热衷于不断体验外在世界的新鲜感。

不过，我并非要各位停下追逐的脚步。众所周知，在当今社会，光鲜亮丽的外表占据十分重要的地位。几乎所有人都会认为，占尽风光的成功人士即便某一天由人生巅峰处坠落，大概也不会心生失落，甚至抑郁。

外表固然重要，但我们绝不能把所有的精力都用来“包装自我”。如果内心世界已经接受了自己“失败者”的定位，外表再光鲜亮丽也于事无补。所以，在我们追求成功、追逐财富的同时，绝不能忘记内心世界的修行。

我曾在一间咖啡厅的杂志上看到“原始价值者”的概念，它是重视商品起源及其原始价值消费者的统称，这些人更倾向于为那些久经时光考验却依然不失其“本源之美”的价值买单。至于为何如此，则是因为他们坚信一件商品的根本属性不仅无法被替代，更不会受“保质期”的限制。所以做人也要正本清源，其原理与此大抵相同。

在岁月洗礼中逐渐形成的人格魅力以及与生俱来的光环，会不断吸引旁人向我们靠近。这种魅力即内在美，与精致的五官、炫酷的豪车毫无关系，它不仅书写了一个人生命的本质，更彰显着一个人生命的深度。

年龄不同，人们对自尊的看法也不尽相同。

随着年龄的增长，自尊便化身为人们敢于接纳自我的勇气。

优秀也好、平庸也罢，被裁员也好、升迁也罢，平静接受自己扮演的所有角色，并默默支持自己，才是自尊的真正含义。

第三章

今日之我，优于昨日之我

给自己放个假

哲学家韩炳喆用“自我压榨”来形容现代社会的人，一语道破“工作狂”盛行的根源。

“工作狂”是一个与“休息”息息相关的概念。在现代社会，人们没有时间休息，或不知道以何种方式更好地休息，最终造成心灵无法得以休憩，一直保持亢奋状态。

不光韩国社会，放眼全球，人们普遍认为“一天二十四小时根本不够用”。似乎男女老少都在与时间赛跑，日复一日、年复一年，从早忙到晚，手头的工作似乎怎么也做不完，根本无暇享受生活。

所以，我们才常常问自己：“为何我如此忙碌？”时间规划师提供的报告显示，人们缺乏休息的原因并非他们无法抽出时间，而是不知如何充分将时间利用起来。正因如此，焦虑与不安乘虚而入，成为情绪的总基调，最终造成了“一刻都不能停歇”

的“忙碌假象”。所以，“没时间休息”也许仅仅只是借口，真正忙碌的人，反而看起来闲暇时光更多。

那些周末加班的人，你们需要改变自己做决定的习惯

在这里，我不会谈论如何休息，因为我更想与大家分享应该如何给自己的心灵放个假。日常生活中常见的工作狂最典型的特征就是迷信完美主义。这类人通常过分自我，极度渴望得到他人的认可，进而对自己过分苛责。即便周围无人责备，他们依然会给自己施加重压。殊不知，对完美的痴迷反而会拖延任务进度，甚至导致倦怠、拖沓。

想要解决上述问题，这类人应该学会如何快速做出决定。具体来讲，我们在解决某个问题的时候，如果需要做出关键性决策，就不要花费太多时间。一旦考虑时间过长，本来可以在短时间内完成的任务，也一定会修修改改，抑或被完美主义“毒害”，就连决定何时动手都要耗时很久。如果过度期待他人的认可，人就会在重压之下变得畏首畏尾。

这类人往往一边承受重压，一边推动手头任务的进度，速度十分缓慢。因此单单从结果上看，任务完成度较高的人往往做决定的速度也很快。只有尽快进入状态，才能为后续的工作预留更加充裕的时间，任务的完成度自然不会太低。也就是说，做决定

时切忌拖泥带水，只有这样，才能确保任务主体被分配到更加充足、合理的时间。而这种良好的习惯，往往是那些选择在周末加班的人所缺乏的。

一周一天，你也拥有自私的权利

从精神分析学的视角来看，“老好人”是工作狂的另一种类型，这类人往往心地善良，但同时又极度自卑。虽然这一概念听起来相对生疏，但作为一名心理医生，我想单独把这一类型摘出并进行说明。这种人一般被称为“道德受虐狂”或“依赖关系型工作狂”。如果仔细观察就能发现，这类人在职场、家庭、人际关系等方面，往往会为了成全他人而选择主动牺牲自我，无论做什么，自己永远排在最后，常常把重担大包大揽在自己身上。这一类型的工作狂，虽然自身十分痛苦，但他们把自己的行为当作获得他人赞扬、喜爱的方法，所以我们需要将其区别于其他类型，单独进行说明。

善珠在一家广告公司工作，整天忙得不可开交。有一天，她来诊所找我，向我进行相关的心理咨询。

单位的工作，一般要从周一跟进到周日，但善珠回家后不仅要面对衣来伸手、饭来张口的老公，还要照顾娘家的大大小小，结果对自己患癌竟然毫无察觉。

然而，让善珠最受打击的并不是自己患癌的事实，而是娘家人令人寒心的举动。她对我说，娘家人听说了她得病的消息，生怕和自家扯上关系，居然一通电话都没有打过。需要善珠的时候，每个人都忙不迭地献殷勤，可当她生病的时候，却都作鸟兽散了。这样的家人的确让人心寒。

如果迫不得已需要扮演家里顶梁柱的角色，我们一定要摆正心态、自尊自爱，只有这样，才不会使自己感到疲惫不堪。有时候为自己身边的人创造幸福，确实能获得巨大的满足与成就感，但凡事需要张弛有度。一周忙碌之余，起码应该允许自己有一天的时间，能够充分行使自私的权利。

作为独立的个体，“我”有自己想做的事，也有需要休息的时候，应该学会做自己的主人，不要总把“自己委屈点儿也不算什么”挂在嘴边。满足家人、同事要求的同时，一定不能忘记自己的需求。“我”扮演的角色如此伟大，寻求适当的回报难道不是理所应当的吗？所以，首先要学会爱惜自己。只有这样，我们才能把自己从过去习惯于自我压榨的行为中解放出来，最终投入自我补偿的良性循环中。

特意腾出休息时间

“工作狂”这一概念，绝不仅仅局限于那些在某个固定场所办公的上班族，利用社交账号及视频网站等媒介自主创业者、全职太太、自由职业人等，均包含在内。严格意义上讲，这些人因为不符合传统职业者的身份定位，常常难以取得周围人的理解。

对于这类人而言，由于其休息与工作的边界十分模糊，休息时间反而更加不足。长此以往，人不到五十岁就疾病缠身。过去不懂得爱惜自己，老了以后身体便跑来“追债”。

面对这些工作狂，也许我们会好奇“为什么非要如此迷恋自己的工作”，或当面斥责他们“不爱惜自己的身体”，可一旦进入工作状态，他们往往听不进任何人的话。面对生理、心理长期超负荷运转的局面，我们的身体自然会发出一系列警告。因此，在身体亮起严重警告信号前，我们有必要防微杜渐。

工作时，利用碎片化时间偶尔读读书，或倾听过来人的建议等，都能取得良好的休息效果。特别是对于那些工作本身无法量化的人来说，更应该为自己制订一份计划表，包括什么时间吃午餐、什么时间休息等内容。我相信如果严格按照计划执行，这些人一定会大有收获。

每天十分钟，守护自己

神经细胞只有在紧张与放松交替出现的情况下，才能保持最佳的健康状态。如果一个人对这一原理一无所知，只懂得盲目追求完美，渴望获取认可，我们就可以说他已经陷入了一种类似于患上精神疾病的状态。为了更好地前进，保证充足的休息时间十分必要。接下来，让我告诉大家一些方法吧。

即便再忙，一天也要抽出十分钟的时间使之完全属于自己。虽然十分钟看起来无足轻重，但我们可以利用这十分钟躺在安乐椅上使身体完全放松，享受别样滋味。这一行为只要持续一周，身体便能得到良好的放松。

曾经有位三十多岁的男性咨询者对我说，他觉得平常上厕所、吃饭、过马路时等待信号灯，完全是在浪费时间。当他十分敬重并且视之为榜样的前辈因不幸罹患胃癌、不得不辞职回乡时，他的看法才有所转变。去厕所的时候，就大大方方地“办事”，过马路焦急等待时，就扪心自问：“连这么点儿时间都不愿留给自己吗？”

我曾尝试每天抽出三分钟的时间专门用来沉默，闭上眼睛，清空头脑中的一切杂念。体验后发现，三分钟的时间实际上并不是很短，而且自己能够明显感觉休息后心境马上可以沉静下来。当我们坐在办公桌前准备开始一天的工作时，试着抽出哪怕一分钟的时间，闭上眼睛进行冥想。这一过程结束后，注意力会被极大程度地集中起来。

在文学大家们的作品中，哪怕是一个逗号，都能被称为艺术的表达。同理，我们生活中的逗号也是生命的一部分。休息并非一个简单选项，而是涉及生存的重大问题。因此，下次想要休息的时候，卸下罪恶感，尽情放松吧。

闭上眼睛冥想

人们缺乏休息的原因并非他们无法抽出时间，而是不知如何充分将时间利用起来。正因如此，焦虑与不安乘虚而入，成为情绪的总基调。

看似普通的事情，也许并不普通

智慧一直说，以前自己不懂事，总是嚷嚷着长大了绝不会像母亲一样生活。小的时候，智慧眼里的母亲一直活得窝窝囊囊。从农村小学毕业后，母亲便嫁入了一家农户，做起了大儿媳妇。平时她不仅要抚养自己的三个子女，还要伺候自己的男人、婆婆，甚至连婆家的兄弟姐妹都要一并照顾。母亲的人生就像电视里家庭剧的情节一样，充满了隐忍与悲苦。所以，智慧从小就告诉自己，一定不能像母亲一样“傻乎乎地过一辈子”。

然而，参加完母亲的七十大寿后，她的想法突然发生了转变。早已长大成人的儿孙子女、一同变老的婆家兄弟姐妹们欢聚一堂，恭祝母亲七十大寿时，智慧第一次感受到母亲脸上散发着伟大的光芒。如今，智慧自己也成了两个孩子的母亲。她终于明白，一名卑微的女性用一己之力托起了整个家族，最后依然被大家拥护爱戴，实属不易。智慧一直强调“不想像母亲一样

一家人欢聚一堂

生活”，现在不得不承认“能做得像母亲一样优秀就好了”。

“过去，我觉得真正的优秀就是指年轻、漂亮，还会赚钱，但现在我已经不这么认为了，自己此时此刻的状态就是最好的，我不想特立独行地生活，只想隐藏在市井里，过平凡的生活。”两年前，演员崔康熙在真人秀“我独自生活”中如是说。在普通人看来，演员的生活本应该光鲜亮丽，而她的这番话着实令人印象深刻。

年轻的时候，人总希望自己能够“与众不同、格外耀眼”，但随着年龄的增长，这一志向似乎从某一瞬间起，转变成了“希望自己一生平凡安逸”。话虽如此，但不代表人们可以轻易放下心中的执念，除非真正化身为耀眼的星辰，否则心中的执念永远不会消失。事实上，人越是成熟，就越能体会平凡之美。

智慧问我：“这辈子我能像母亲一样成功吗？”我不禁慨

叹，这大概是普天之下所有女儿们的终极问题吧？如果有人问我平凡究竟该如何定义，我一定会回答“能像自己的母亲一样生活就行”。也许各位现在仍然无法认同我的观点，那就暂且将这个问题留给时间吧。只有历经时光的洗礼，才能定义世间的平凡与伟大。

我就是我

当今社会，“平凡”似乎可以与“失败”画等号，谁能标新立异、博得眼球，谁才算成功，每个人生怕自己被湮没在这俗世凡尘之间，庸庸碌碌地度过一生。通过观察当下年轻人青春期时的行为，我们就能对这种“拒绝平庸”现象的典型特征窥斑见豹。这种流行于年轻人之间的亚文化，是年轻人反对现有秩序的一种表现，它具有普适性，可以超越时空、国别的限制。举例来说，所谓嘻哈文化，原本只在二十世纪六十年代美国旧金山的年轻人群中流行，后来逐渐在全国传播开来。从精神分析学的视角来看，年轻人由于自我意识不够明晰，需要某种保护，嘻哈文化就恰如其分地充当了这一保护机制，同时也成为年轻人找寻“真我”的过渡。

“拒绝平庸”的另一个表现是对成功近乎病态的偏执。这类人号称“绝不过平凡的生活”，他们相信自己的人生一定可以光鲜亮丽，能够得到更多来自旁人的认可，自己也绝非等闲之辈。

有一位三十岁出头的女性，只要生活稍有不如意，她便大肆抱怨自己的父母，常把“我来人间一遭，可不是来做普通人的”挂在嘴边。她坚信，自己之所以屡战屡败，根源就在于父母皆凡人，不能在关键时刻帮她一把，使她从众多竞争者中脱颖而出。于是，她十分渴望自己可以“一战成名、一雪前耻”。不仅如此，这位患者还长吁短叹，认为如果不能一次成功，她一辈子就会碌碌无为。于是，我让她试着写一写目前自己拥有什么，并要求她选出其中绝对不能舍弃的事物。

看到自己的答案时，她十分吃惊，纸上写的都是一些看起来再普通不过、轻而易举就能获取的事物，而她已经把这些全部攥在手里了。也许再过几年，当她成为真正的“成功人士”，再次审视这份清单时，她说不定会充满成就感。

人在二十岁时认为重要的事物，其光芒会在三十岁时逐渐褪去；三十岁时拼命守护的价值，在四十岁时可能会变得一文不值。如果说二三十岁时，“不凡”是人生的主题，那么随着时光的流逝，人们会逐渐认清“平凡”才是生活的本质，体察其中不竭的动力与令人敬畏之处。正因如此，很多作家在书里都劝人“做长期规划”。

那么，平凡的生活究竟是好还是坏呢？实际上，平凡不仅能点亮四十岁的人生，甚至在七十岁的人生中也能熠熠生辉。人人都希望自己能够和另一半白头偕老、浪漫一生，老后依然能够携手在公园里漫步。但享受这份浪漫的前提是两人能够保持健康与平安。所以，平凡并不会贬值，反而会随着年龄的增长成倍增值。

相伴到老的夫妻

参透平凡的哲学

每个人都有自己的人生阅历，它精妙绝伦，且并非所谓的成功人士专属。有人会说自己不过一介草莽，无法参透这一道理，实际上，这不过是他们想当然、脱口而出的观点，并未经过认真的思考。人类存在的意义就是像蚂蚁一样默默奉献，为未来筑巢。从远处观察不同人生时，不管怎样比较，我们似乎都觉得别人的生活比自己的光鲜亮丽，但走近一看，大家不过是五十步笑百步，几家欢喜几家愁而已。对芸芸众生而言，生活似乎总是循着相似的轨道不断前行。由此，我们可以讲众生皆凡人，反而所谓的“非凡”，不过是人类虚构出来的。

人生赢家，一定不是中途夭折的天才，而是参透了天道、能静待生命消亡的普通人。只有生命得以保全，一切和解、爱恋才能实现。所以，感谢生活赐予机会，让我们成长，感恩恋人与我们相遇，让我们感受人间的美好。

小说家米兰·昆德拉在《庆祝无意义》中主张“存在并无意义”。存在的本质就是无关紧要，因而我们必须勇于承认生活毫无意义，换句话讲，就是要让人们热爱这种“无意义”。只有承认自己的无知，同时也意识到“日常生活无意义”的本质，我们才能朝着更加富有意义的人生前进。脚踏实地过好平凡的生活，在无意义中寻找意义，才是“非凡生活”的终极奥义。

上述观点虽然多少有些思辨的韵味，但说到底，我还是希望大家与其热衷于同他人比较，使自己伤心失落，还不如仔细梳理生活、感恩生活，看看眼下自己究竟拥有什么。要知道，简简单单享受一日三餐，不执着于创建丰功伟业，才是平凡生活最大的意义。

与其热衷于同他人比较、使自己伤心失落，还不如仔细梳理生活、感恩生活，看看眼下自己究竟拥有什么。

要知道，简简单单享受一日三餐，不执着于创建丰功伟业，才是平凡生活最大的意义。

从独乐到众乐

日本作家斋藤孝在《孤独的力量》中，将自我期待的力量称为自期力。书中的一段表述令我印象深刻，讲的是一个人的自期力越高，在团体中就越不显眼，相比其他人亦更加健康。

也就是说，在身处多人环境时，人们应当尽量避免出风头，并尝试主动融入其中。斋藤孝认为，有些人口中的“差不多做做样子就可以了”，不过是种自我安慰而已。诚然，参加各种各样的聚会，不仅可以加强自我与外界的联系，还能在一定程度上缓解压力。然而，这种只顾“我们”而忽视“我自己”的聚会，真有必要参加吗？

我们为何要在团体中避免违和感呢？这与人在孤独时产生的心理活动有关。所谓慎独能力，就是一种能够使人正视孤独、享受孤独的能力。但这种能力，只有在认同自我、拥有强大内心世界的情况下才有实现的可能。因此，懂得享受孤独的人，更有可能与他人结成并发展稳定的关系。试图将对方据为己有或过分偏执，都有可能导致无法与人分享、培养情感。

如何享受独处时光？

然而，享受孤独绝非易事，需要不断试错，才能找到适合自己的方法。在考虑“如何培养慎独能力”之前，我们应该对实现这一目标的条件进行考察，排除各类矛盾。

享受独处时光的第一个方法，就是在生活中设定一些“奖励机制”，以便更好地享受与自己相处的时光。为此，我们要单独划出自己的专属时间。相信大家一定有类似的经历：想要约人出门走一走，一定会提前洗车或买几件新衣服。洗车或者买衣服，是为了更好地实现“与人见面”这一目标，这便是我所说的“奖励机制”。

享受独处时光的第二个方法，是不断重复某种具体的活动，这种方法同样适用于性格谨小慎微的人。即便之前一直消极处世，但只要尝试一次，便能拥有信心。只要积累了足够的经验，应对往后的活动自然就会变得更加得心应手。因此，在寻找适合进行独处活动的过程中，我们不可避免地需要借助“重复的力量”，以实现自己的目标。

享受独处时光的第三个方法，就是需要弄明白独处将如何提高生活质量。一般来说，人们会自然而然地将独处与凄凉、孤独联系起来，认为这是一个充满否定意义的概念。如果把独处带来的痛苦称作凄凉，那么它所带来的喜悦就可以被定义为孤独。凄凉感源于相处对象缺失带来的痛楚，孤独则是一段可以专注于自我的时间。无法独处的人，即便身边有人陪伴，亦会感到失落；但能够享受孤独的人，即便身旁无人相随，也不会感到不适。后者更重视自己的内心世界，并专注于追寻“真我”。

拥有独处时光，就是投资人生

独处的时光，会被人简单理解为一个静态概念，与所谓的“产出”相距甚远，甚至是一种“剩余”。但事实并非如此，甚至与之相反。有人说，独处时间里的行为，能够决定一个人的未来。古往今来，不朽的思想与传世的作品，无一不是孤独的产物，因为孤独可以激发一个人的创造力与想象力。由此看来，独处的时光亦不失为一种投资，可以推动内心世界的成长。

然而，人并非在所有的独处时光里都能充分利用时间，与自己相处。有时我们渴望孤独，却不知如何享受孤独。所以，本打算腾出时间好好与自己对话，最后却由于无从下手，索性就去忙其他事情了。

独处的时光，还能对改善人际关系产生积极影响。独处可以减少一个人对各类关系的依赖，调整自己与外部世界的距离，促进健康人际关系的形成。俗话说“距离产生美”，只有双方保持一定的距离，彼此才不会产生负担。独处能力越强的人，越能明白如何与他人维持健康的关系。他们不会伤害他人，更不会因占有欲过强而使他人倍感窒息。因此，适度接纳孤独，不仅不会对人际关系造成影响，反而会使人与人之间的关系更加亲密。

不过，我虽然在此一再强调独处的重要性，但绝不等同于我否认了与他人共处的重要性。我只想帮助大家从以往过于重视协作的氛围中解放出来，建议大家关注独处的时光，因为它们同样占据着人生的重要地位。如果各位正值不惑之年，不妨试着抽出些时间用来独处。请记住，只有享受过独乐之乐，才能更好地体会众乐之乐。

独处能力越强的人，越能明白如何与他人维持健康的关系。他们不会伤害他人，更不会因占有欲过强而使他人倍感窒息。

乐观生活的秘籍

用相机拍照时，“变焦”是一个非常方便的功能。如果想拍摄特写镜头，只要推近焦距，就能将人像完整摄入；如果想拍摄远处的风景，只要拉远焦距，就能获得想要的效果。使用这一功能，我们可以自由扩大或缩小自己的视野。

现如今，不论我们走到哪里，都可以利用谷歌地图确定自己的位置。只要动动手指在智能手机上进行操作，就可以由远及近地搜索地图上任意一点，这种感觉就像乘机时坐在靠窗的位置，向外俯瞰大地一样。随着飞行高度的增加，路面的汽车逐渐变小，公路也慢慢消失不见。自己赖以生存的家园，在上帝视角下不过是微不足道的一个小点。

我们整日为眼前的事物而忙碌，生活就像一本日历，在不断的重复中被一页页翻过。柴米油盐、工作业务，以及需要维护的家庭及社会关系，占据了绝大部分的时间，我们无能为力，只能机械地数着日子生活，一天天、一年年……“只见树木，不见森林”，恰如其分地形容了这样的生活状态。

如今，望远镜和显微镜早已不是新鲜事物。然而十七世纪它们刚被发明出来时，曾一度为人类揭开了全新的世界，具有跨时代的意义。前不久，我看了一部短纪录片，名叫《十的力量》。影片开头，有一对年轻的男女在芝加哥某处的湖边野餐，他们头顶的镜头每隔十秒上升十米，最终延伸至宇宙尽头。几乎一眨眼的工夫，这对男女便彻底从视野里消失，当镜头再次被拉回地球时，他们才又一次出现在屏幕上。接着，镜头随着男子手中的披萨进入其身体，并且每隔十秒缩小到十分之一，其间穿越了细胞，最终为观众展示了原子运动的世界。该片利用二十世纪的科学技术，为我们呈现了一次虚拟世界的旅行，这足以撼动人们固有的思维模式。从宏观到微观，人类究竟身处何处？

偶尔拉远生活的焦距

试想，如果我们不局限于眼前的苟且，而是遥望远方，结果是否会有所不同？我虽然不擅长体育运动，但喜欢看世界杯或综合格斗等竞技比赛。在现代社会，人们普遍肩负巨大压力，情感调节能力失衡，体育运动正好可以充当某种代偿机制，成为人们宣泄自身攻击倾向的方式。体育运动的世界，好比动物世界，没有语言，只有动作。它最大的魅力在于，运动员之间没有尔虞我诈，全凭自己的肢体力量，赢得一场又一场比赛。

仔细观察足球比赛就会发现，选手们在赛场上拼命奔跑，球场仿佛已经变为战场，看台上的观众也被带动起来，全情投入比赛。然而当比赛结束后，前一刻还在拼命奔跑的运动员们，不论输赢都会与对方球员握手，然后才离开球场。赛后大家回到了现实世界，开始为下一场比赛做准备。这一过程类似于相机的“变焦”功能，镜头缩放之间，演绎场内场外的不同人生。

实际上，如果把球场比作现实世界，我们每个人就好比球赛中奋力拼搏的运动员。在现代社会里，人们往往只顾眼前利益，对周遭的一切充耳不闻。我们不妨向足球运动员学习，把球赛当作生活的插曲，结束后返回现实生活。虽说生活的每个瞬间都充满激情，但它们仅是生命的一小部分，只有善用“变焦”功能，才能体会到它们的精彩之处。

当抑郁和挫折“病毒”袭来时

当人们不顾一切埋头前进时，一定会在遭遇失败后猛然意识到，事与愿违才是人生最残酷的现实。然而，成长引擎骤然熄火后，人在回忆往昔时，会不断回想起失败带来的悔恨与悲伤，同时对未来的迷茫与恐惧也会接踵而至。更有甚者，干脆失去了自信，陷入失落的泥沼，难以自拔。

这时，如果站在生命尽头远眺生活，将会是怎样一番景象呢？如果将镜头从眼前棘手的事物上拉远，聚焦整个人生，视野就能豁然开朗，当下的生活似乎也充满了智慧。假如人类能够坦然面对死亡，并重新审视自己的人生，那我们对生活一定会有全新的认识。

乘坐火车出行，从车内观赏车外的风景时，行车方向视角与反行车方向视角的景色截然不同：与行车方向同向时，车外的景色会一闪而过，体验感极差；但如果坐在与行车方向相反的位置上，人们就会感觉窗外的风景似乎形成了一幅广阔的画卷，展现在自己眼前。

“Memento Mori”是一句拉丁语，意为“人终有一死”。如果我们能够时刻铭记死亡终将如约而至的话，也许生活将拥有完全不同的意义。如果分析一个人从生到死的历程，似乎所有人都是日出而作、日落而息，人与人之间并无本质上的差异。我们终有一日将要走向人生的终点，如果能够认清这一现实，我们就可以用更加宽广的视角看待自己与他人、世界之间的关系。俗话说“近看生活不幸，远望生活美丽”，虽然在微观视角下，每个人的生活不尽相同，但在宏观视角下，芸芸众生并无根本上的差异。

如果此时此刻你正在被抑郁和挫折“病毒”折磨，那么可以想象自己正站在生命的终点回望眼下的生活。如果你能够调整焦距，就一定会发现，无论成功还是失败，人生并无太大不同。当你忘记曾经笃信的价值观，被眼前各种世俗的标准牵绊并陷入低落时，不妨从整体上审视自己的人生，结果一定会使你变得乐观起来。同时，你还可以借此机会，对身边的各种人际关系进行深入评估。

最后和大家分享下面一段话：

> “虽然人人都希望自己能够成为乐天派，但乐观本身并非一种与生俱来的能力，只有加以教育、训练，才能习得。内心的喜悦，可以通过乐观主义表现出来，进而成为生活的动力。”

如果将镜头从眼前棘手的事物上拉远，聚焦整个人生，视野就能豁然开朗。

我们终有一日将要走向人生的终点，如果能够认清这一现实，我们就可以用更加宽广的视角看待自己与他人、世界之间的关系。

体力充沛，快乐生活

人人都曾青春年少，年轻的身体就像波斯菊一样纤细柔软，着实令人羡慕。那些能够激发男性保护欲的女性，普遍十分受欢迎。不过，随着时代的变化，人们的审美取向也发生了改变。身材高挑、面容精致已经不再是大众眼里美的标准，身材比例完美、看起来匀称健康才称得上富有美感。很多男性只要一有时间就钻进健身房，为塑造健美身形埋头苦练。

很多人在失去健康后才知道它的重要性，可见在健康问题上防微杜渐是何等重要。不信可以到医院进行实地考察，你一定会感慨病患数量之多。

年轻时，大多数人对健康毫无概念，因为年轻人往往身体状态良好，自然不会操心自己的健康问题。所以人们会趁着年轻，努力实现人生目标，建立恋爱等一系列社会关系。二十岁一转眼三十岁，三十岁一转眼四十岁，时间就这样悄悄流逝。以我的经验来看，四十岁左右的人健康状态最为脆弱，因为针对他们的“考核标准”最为严苛。

对这一年龄段的人而言，他们所承担的家庭与社会责任逐渐变重，但自身状况仍不够稳定。他们思考梦想、规划未来，神经一直处于紧绷状态，健康自然会出问题。不知不觉，高血脂、高血压、脂肪肝找上门来，甚至有人直接患上胃癌、乳腺癌等致命疾病。大病临头，人们才幡然悔悟，开始反省过去自己如何薄待身体，同时也意识到了健康的重要性。只有疾病才能使人清醒地认识到，钱与名誉一文不值，调理身体才是当务之急。

成年后遗失的两个东西

在不断成长的道路上，我们将不可避免地遗失生活中最重要的两个东西。一是因生活重压而失去的童真，二是宝贵的健康身体。

成年后，我们最终会忘记那些孩提时代游戏曾带给我们的乐趣，或过于重视思想的构建，而忽略我们亦是大自然生命体的一部分。虽然人类标榜自己用逻辑思考，但我们常常忽视自己也是动物这一事实。

健康的体魄、轻松的娱乐、人生的乐趣，这三者共同组成了生活的本质。我们应该及时行动，重新寻回这些已经被遗失的美好，试着用轻松卸下疲惫，用感性思维取代缜密的逻辑思维，重视身体健康，避免过度思考。在那些为生存拼搏的日子里，心理压力早已成为我们日常生活的一部分，有时即使时间充裕，我们也无法停下脚步好好休息，只知道不断将压力埋藏在心底，负重前行。因此，我们应该训练自己摆脱这种生存模式，其中最重要的部分就是端正“对自己身体的态度”。

如果你之前将健康摆在次要位置，那么现在就应该把它置于首位。只有这样，所谓的“成长”才能获得根本保障。

保持体力、调整人际关系

运动员也好，钢琴家也罢，基本功于他们而言都十分重要。一个人如果基础不够扎实，或许可以红极一时，却永远无法成为行业翘楚。正因为基础如此重要，这些人才需要花费巨大的精力，来磨炼自己的基本功。而人生的基本功，就是体力，如果体力不能达标，不仅任何任务都无法正常完成，还无法尽情享受人生之乐，更无法随心所欲、挑战自我。

为参透这一真理，慧善曾付出过高昂的“补课费”。当她既要应付大公司里的工作，又要照顾孩子时，殊不知自己的健康状况早已亮起了红灯。自从两年前被诊断出甲状腺癌后，她才彻底下决心调整生活的重心。此后的日常生活里，她不仅要求家人保持健康的生活习惯，自己也放弃了读研的计划，并且停下了手头的工作，开始休假。

慧善笑着说："我现在才意识到，健康远比什么履历、事业重要。现在，我每天晚上九点就上床休息了。因为只要九点一到，我就不在客厅里了，孩子们都叫我'灰姑娘妈妈'。"实际上，晚上九点以后的慧善，体力消耗十分严重，如果老公和孩子们此时仍然要她帮忙处理各种事务，准保会让她火冒三丈。为了营造和谐愉快的家庭氛围，她只能早早上床睡觉。

大概各位都有像慧善一样体力不支的经历吧？当一个人患上了慢性疲劳综合征，寝食难安一定是家常便饭，情绪也会跟着跌落谷底。长此以往，自己与周围人的关系也会受到不同程度的影响。身体的诚实度远超我们的想象，俗话说得好："人是铁，饭是钢，一顿不吃饿得慌。"健康的饮食、充足的睡眠、适度的运动，才是守护自己的法宝与基础。

保持运动，为健康充值

人在遭遇挫折时，如果想要重新站起来，就一定要维持某种心理弹性。我们的身体亦是如此，无论何时都应保持一定的弹性，才能够正常运转。因此，保持适度运动具有十分重要的作用。睡眠是保证身体重启的重要机制，运动同样可以增加身体的动力。心灵成熟固然重要，但体力上的调节也具有不可取代的重要性。

在生命的基础元素里，能够保持健康、维持体力的人，明显更容易感到幸福快乐。运动后，人体状况逐渐改善，自我认同感也会有所提升。所以说认同感源于身体本身也绝非虚言。游泳、健身，或者每天坚持散步，都能达到一定的治愈效果。愉快的心情不断累积，经过一天、两天、一月、一年的发酵，将成为一笔不可小觑的资源。当别人因为体力不支而到处求医问药时，自己却坐拥“健康资本”快乐生活，这何尝不是一笔投资呢？身体一旦变轻快，不仅外表看起来更加精神，就连处世态度也更加积极乐观。

精神分析学家西格蒙德·弗洛伊德认为“自我的根本是身体的自我体验”。因此，只有保证自己的健康状态，才能更好地爱护自己。

健康的体魄、轻松的娱乐、人生的乐趣，这三者共同组成了生活的本质。

我们应该及时行动，重新寻回这些已经被遗失的美好，试着用轻松卸下疲惫，用感性思维取代缜密的逻辑思维，重视身体健康，避免过度思考。

为自己埋下一颗种子，静待发芽

2014年，电影《国际市场》上映，曾一举夺下当年韩国最高票房纪录。该片讲述了男主人公德秀为寻找战时失散的亲人努力奋斗一生的故事。少年德秀因在战乱逃亡中松开了妹妹的手，从此便与父亲、妹妹失去了联络。为躲避战祸，德秀只能跟随其余的亲人南下釜山定居。起初，德秀一无所有，只记得父亲最后对他说过的一句话：

> “所谓一家之主，就是无论何时都能把家人放在第一位。从现在起，你就是一家之主了，保护好家人。”

德秀牢记父亲的嘱托，为了全家老小的生计，去了德国，成为一名矿工。岁月飞逝，转眼间他便成了一名白发驼背的老人。电影结尾，他与父亲的幻影对话，诉说自己已经完成了与父亲的约定。在这部电影里，有一句台词令人印象深刻，是德秀离开韩国前妻子英子对他说过的一句话：

“你也有自己的人生，为何一定要牺牲自己？”

中年男人的焦虑

过去，家里的父亲们身负“一家之主”的重任，任劳任怨为家庭奉献一生。而在安定丰饶的社会、物质条件下成长起来的一代新人，尤其是眼下正值三四十岁的中年男人，情况是否有所改变？实际上，他们的生活境遇并未随时代的变化而有所不同。

现如今，社会正逐渐向性别平等时代过渡，双职工家庭比例虽有所上升，但男性依然是维持家庭生计的主力军。他们往往被生活费、教育费、贷款、养老金所困，无论在家庭还是职场，都饱受焦虑的困扰。由于经济负担过于沉重，男性只能选择拼命工作。上班族虽然一直期待能与家人共同享受温馨的“晚餐时光”，但总是事与愿违。不仅如此，由于打拼事业的结果往往是对家人的疏忽，男人们又不得不忍受来自家人的数落。他们因为需要“顾家”，所以不得不牺牲自己的生活，在工作上承受巨大的压力。与过去不同的是，如今的男性难以享受到过去男人在家中独有的权威地位。

对于在职场上披荆斩棘的人而言，在结束一天的辛苦工作后，家庭本应该成为他们休憩心灵的“温馨港湾”。然而，很多人在家里并不能得到应有的安慰与尊重，往往在单位劳累工作，回家还要面对一地鸡毛。所以，很多男性宁愿忍受孤独，也不愿下了班立刻回家。

韩国社会过去一直信奉男尊女卑的思想，如今却有人抱怨女尊男卑的思想正在不断抬头。不但家庭大权早已收归女主人手中，就连子女教育问题，男主人们都很难插得上手。过去的一家之主，因为“养家有功”就能随意吆五喝六，而这一幕早已被扫进了历史的坟墓，一去不复返了。

过去可以大大方方地讲“父亲就是一家之主”，如今情况已经截然不同，男人除了养家糊口，还要分担家务、教育子女。养家依然是男性义不容辞的责任，而旧时代赋予他们的绝对权威，却早已消失殆尽。这些二律背反式的社会要求，必然会使男性在职场与家庭间飘忽不定。诚然，六十多年前的社会与二十一世纪的社会不尽相同，但男性也在不断努力，适应这不断激变的社会洪流。

男儿有泪不轻弹

对男性而言，事业是自身存在的理由，自我与事业相辅相成。可事实上即使把全部精力都奉献给工作，工作也不能代替自己的人生。因此，树立以自我为主体的职业人观念，远比在某一组织中找寻自我认同更为重要。一辈子仰仗某一组织吃穿不愁的年代早已过去，这种职业理念也与现代人普遍因就业而焦虑的特点格格不入。确保自己技术过硬，能为人所用，才是最为明智的选择。

过去，人们十分注重“男人一定要强”“男人绝不能哭”，可时代已经不同，男性大可不必如此苛责自己。一般来说，男性由于从小并未有过管理个人情绪的经验，因而长大后也不擅长感知他人情绪、与人沟通情感。然而男性本身也需要被关怀、被爱护。他们选择隐藏自己的情感，并非因为内心强大，而是不愿在他人面前示弱。因此，对于新世纪的男性而言，所谓的阳刚之气已然变得十分尴尬，过度强调男子气概反而会成为他们的精神枷锁。

人类本就脆弱无助，我们大可不必否定这一点。男性进入中年后，也会经历更年期。面对不断变化的身心状态，选择一味逃避并不是办法，正确的做法应该是勇于表达、分享。与家人之间的沟通亦是如此，与子女、爱人之间构成的精神默契，不能一蹴而就，只有通过长期的沟通与磨合才能得以实现。

同时作为一名自然人，男人亦需要热爱生活。一味埋头工作、疏远家庭，生活难道就会一帆风顺吗？如果一个人只知道效忠组织，只重视工作中结成的人际关系，生活中却无半个知心朋友，那么独木必然难以成舟，人生注定很难成功。

失去自我的女人

女人结婚后，往往会被育儿的孤独感以及身为全职主妇的巨大责任感所牵绊，“母爱”之沉重，会使她们压力倍增。然而她们无能为力，只能默默承受一切。韩国女性更是如此。

如果说男性希望自己在社会生活中获得认同感，那么女性无论自身工作与否，则更偏向于在母亲这一角色中实现自我价值。她们可能会为如何保持女人味而发愁，也可能因社会生活或育儿问题而苦恼。育儿这件事终究无法全权委托他人，所以只能由母亲们自己承担。

在某段时间内，女性会认为自己与孩子是一个整体，密不可分。她们与孩子之间存在强大的纽带关系，常常以为“除我之外，孩子再没有别人可以依靠”“没有我，孩子一定活不下去”。这种依赖感与满足感，可以满足女性自爱的要求，也是女性幸福的源泉，可以帮助她们战胜育儿带来的孤独感。然而，只有在孩子长大成人离开家长时，母亲才会开始意识到自己应该逐渐放下对子女的依恋。而这一过程，通常不可避免地伴随着失落与孤独。

承担育儿责任的母亲

不过，“空巢”并不一定意味着痛苦，某种程度上也代表着女性终于可以从育儿中解放出来。她们不再是谁的母亲，也不再是谁的爱人，而是以独立的人格重新回到了现实世界。至此，女性终于可以利用时间，找寻丢失的自我了。

重新寻找自我

然而，找寻“自我”并非一朝一夕就可以一步到位。只有那些即便生活繁忙，也仍然为自己播下希望之种的人，才能顺利地寻回丢失的自我。

曾经有位家庭主妇，之前从未意识到自己厨艺高超，直到开始为孩子准备便当时才发觉自己居然还有如此才能。久而久之，她的手艺声名远扬，最终以自己的名义开设了厨艺训练班。的确有不少女性在子女成年离家或辞掉工作后，选择精进自己的爱好，并取得了喜人的成绩。对她们而言，这些活动并不是简单的业余爱好，它们可以不断发展，甚至成为自己收入的来源。

可以说，这些人之前埋下的种子，终于在自己的努力下开花结果了。这里的“开花结果”，就是让人不要放弃自我，努力给未来播下希望之种的意思。所以，女性应该不断发掘自己的兴趣爱好，并付出实际行动加以训练，为开启人生全新的华章做好充分的准备。

自我与事业相辅相成。

树立以自我为主体的职业人观念，远比在某一组织中找寻自我认同更为重要。

第四章

切忌在任何一段关系中迷失自我

当舍则舍

“忙碌”一词，在现代社会语境下被赋予了过度重要的意义。社会上充斥着“浪费生命就是犯罪，全力奔跑才算活着”的论调，好像只要忙起来、动起来，就能取得所谓的成功似的。即便如此，很多人结束了一天的工作后，还是会觉得自己有很多事情没做，陷入自责的情绪中。

忙碌并没什么错，可停下来休息就有错吗？只要稍做思考就会发现，这种鼓吹“忙碌万岁”的论调本身，就充满了荒谬的味道。对大部分人而言，自己度过的每一天，好像都在抱怨时间不够用、业务太繁忙、人情太复杂，简单地讲，就是一直被生活赶着走。“全力以赴”固然是一种积极的处世态度，但“拼尽全力”本身就是一个充满陷阱的概念，从根本上讲也是一种错误的认知。环顾四周，真正能够做到“全力以赴”的人究竟有多少？所以，我接下来想要颠覆各位既有的认知。

做心理咨询之余，我还是一名儿童精神科医生，从业期间曾碰到过无数例多动症患儿，可最近有很多成年人也因为类似的病症找到我，并接受相关治疗。这些人都有共同的特点：具有超高的认知水平，却仍然出现学习障碍，或是在工作单位无法正常处理自己负责的业务。

显然，他们的信息过滤环节出现了问题。换言之，这些人在接收信息后，无法进一步区分哪些必要、哪些不必要，也无法按照轻重缓急将这些信息一一排序。一旦受到外界大量信息的轰炸，他们的注意力会被极大地分散，导致学习或工作效率的明显下降。作为医生，看到患者无法正常发挥自身能力，我感到十分难过。然而，这些问题普遍存在于我们每个人的身上。我们究竟在无关紧要的事情上消耗了多少精力，恐怕也是一笔糊涂账吧。

一身轻松，大步向前

在这个世界上，很难有一个人可以保证自己能够同时把十件事做好。如果自己不能主动将所有的事情按照轻重缓急依次排序，那么只能被迫接受别人的安排。一天只有二十四小时，除去七至八小时的睡眠时间，其余的时间则用来洗漱、上下班，此外还要预留六至八小时与家人沟通相处，这样一来，大概剩下几个小时可供自由支配？有多少人可以信心百倍地讲，自己在这段时间内可以聚精会神地应对工作？自我认知程度不足，整日被所谓的事业和各种纷繁复杂的社会关系所裹挟……成年人的注意力缺乏障碍症与儿童并无差异。很多人觉得自己明明已经精疲力竭，拼尽了全力，但不知为何总是缺乏幸福感。

生活的一大智慧，就是学会舍弃。我们会在生活中遇到各种问题，但大部分都不足挂齿，也许只有极少数可以占据重要的地位。我们常常要求多动症患儿在处理复杂的问题时，首先按照重要性对各类事件进行排序。当我们来到人生的岔路口时，如果想要行千里路，就必须轻装上阵。只有这样，才能抓住重点，做出最优选择。

来到人生的岔路口，首先要做的事情就是学会放弃。日本“收纳女王”近藤麻理惠认为，只要一件东西很久没有被碰过，就足以证明自己已经不再需要它，把它丢掉是最好的选择。把这些毫无用处的东西丢掉后，你就会发现自己居然还有更大的收纳空间。之前看起来杂乱无章的房间，稍做调整后就能变得井井有条，采光和通风效果似乎也提升了一个等级。合理的居住空间，是提高生活幸福感的秘诀。作为成年人，我们似乎都有被铺天盖地的业务、剪不断理还乱的人际关系所折磨，最终苦不堪言的经历。这时，不妨试试近藤麻理惠的建议，只不过这次并不要求大家整理生活空间，而是对自己的社会关系、时间、情感进行全方位梳理，看看是否也能取得令人惊喜的效果。

做个账本，防止时间溜走

现代人普遍觉得时间不够用，自己总是被时间追着跑。好像以小时计数并不能使人满足，非要将时间精确到每一分钟才肯罢休。即便如此，二十四小时仍然显得捉襟见肘。那么我们究竟该怎么做，时间才能变得宽裕起来呢？难道就没什么行之有效的办法，可以使自己摆脱时间的“强迫”吗？在精神分析学领域，强迫症是一种“思维、思考”层面的疾病。同时，时间强迫也是一种认知陷阱，它会使人一直处于“时间不够用”的思维定式下。

实际上，当我们用钱消费时，也会经历类似的心路历程，比如明明没有需求，却总是忍不住想要花钱买些什么。这时，只要用账本来记账，每天的资金流水便一目了然。如果把这一行为投射到思维层面，“时间账本”便应运而生。只要稍做记录就能发现，如果计划十个小时完成一个任务，往往全情投入的时间可能连四个小时都不到。也就是说，并非时间不够用，而是自己已经形成了某种惯性思维，一边散漫做事，一边抱怨时间紧张。

设立资金账本，目的在于整理支出项目、理性消费，时间账本则同样可以让人认清自身使用时间的具体情况，对之前马虎浪费的时间做进一步的整理优化。如果我们能够避免将时间浪费在与自身毫不相关的事情上，就一定可以腾出更多的时间用来充分休息。

锻造“不因他人悲喜”的能力

不得不说，某人一生取得的大部分成就，与他所掌握的人脉有着密不可分的关系。书桌上散落的名片、手机里无数的号码、社交网站上认识的众多好友……都代表着一个人与外界之间密不可分的关系。然而，当我们在众多关系中周旋时，会逐渐失去自我，产生虚脱与背叛交织的情感。

我们之所以执着于与他人的关系，根源在于自我对依赖感与亲密感的渴望，也和我们希望自己的善意有朝一日能够被人接受的心态有关。当然，出于隐藏自身敌对感的考量，我们有时候也会选择继续维持与某人的关系。正是由于人类本身的脆弱性，社会关系才会呈现出不甚稳定的特征。

年龄的增长，不仅会造成体能的下降，更会引起情感的消磨。一般来说，一个人的年龄越大，其感情变化越不明显，但仍有不少人，会因为自己偶尔无理、不合时宜的言行，葬送了与他人经营了多年的感情。一个人年龄越大，越可能因为自己在某件小事上投入了过度的情感而倍感疲惫。一旦对某人投入了过多的情感，我们就不会太在意对方的感受如何，而是更在乎对方对“我”本人的态度。在一段关系中，如果十分在意他人的评价及看法，自己的感情则一定会逐渐被消磨殆尽。

我们做物品收纳时，不仅要扔掉不用的，还要对留下来的物品做进一步筛选、整理。处理社会关系亦是如此，如果可以挑选对象，实现感情消耗最小化，必然是最好的选择。不过，与物品收纳不同的是，情感的整理对人而言绝非易事。当我们站在感情的分岔路口时，不妨趁此机会让自己喘口气，并以自我为中心重新审视这段关系。比如，我们绝不能因为担心对方可能会不太高兴而选择把所有的事情大包大揽。如果能够做到这一点，我们便不会因为太过渴望得到他人的认可，而牺牲自己的诉求，自己的情绪也不再会为他人所牵动。

生活的一大智慧，就是学会舍弃。

当我们来到人生的岔路口时，如果想要行千里路，就必须轻装上阵。

一段健康的关系，需要爱憎分明

曾经有一对老夫妇，带着自己患精神分裂症二十年的儿子来到诊所，找我诉苦。他们说，宁可儿子患的是癌症，也比患精神分裂症好。老夫妇一边喊累，一边询问儿子的情况是否能够通过手术得以改善。

说起那些内心饱受痛苦折磨的人，我可以理解他们的感受。正所谓“最难医治是心病”，单纯地感到疲惫或身体不幸患病时，人固然会感受到一定的痛苦，但一旦患上心理疾病，人就如同堕入地狱深渊。显然，这些心病的病因，大多同人与人之间的关系有关，尤其是那些十分亲密的关系。

人生就是各种社会关系的总和，它们从生到死，会伴随我们一生。对于一个人来说，只要身边有人陪伴，就一定会感到幸福、有安全感。虽说人与人之间的关系十分重要，但它也可能是使我们受伤的始作俑者。与事业上的成功相比，人际关系上的成功显然更难获得。如果人人都是处理人际关系的达人，那该有多好！对于一部分人而言，人际关系使人倍感痛苦，是他们一辈子的噩梦，所以他们索性选择游离于各种关系之外。他们认为，与其在一起制造矛盾，还不如自己一人轻松自在。不管身边是否有人陪伴都深感痛苦的现象，就是“关系选择困难”。

人际关系中随处可见的矛盾

“我一直以为，如果换一个人，可能情况就会大不相同了，但我错了。”

钟秀对十年内交过的八位朋友一一进行了整理、总结，不禁发出如此感慨。这里所谓的“整理”，其实是一个不断更换朋友的过程。如果眼下的压力难以承受，我们很可能会通过更换工作单位的方式逃离困境；对于那些关系已经变得十分尴尬的朋友而言，我们也总是幻想，大概换一个人就可以变轻松了吧。不过，这却是一种不折不扣的错误认知。要知道在这个世界上，并不存在绝对健康、绝对幸福的人际关系，所谓的“关系密切”也不过是一时之事而已。如果感觉两个人的关系似近非近，实际上意味着这段关系并未真正展开。当我们正式处于某段关系中时，矛盾与冲突自然会接踵而至。

如果我们对一个人的情感呈现爱恨参半的特点的话，才意味着这段关系正式成立。所以，如果一段关系里只存在爱或只存在恨，那么它并不能被称作真正的关系。如果与一个人相爱，这种情感必将混杂执着、期待、失望、挫折，以全景的形式展现在我们面前。就连新生的婴儿都知道，没吮吸到母亲奶水的时候一定要哭闹，人世间的所有亲密关系大抵如此，痛苦必然会与我们相伴相随。

德国作家赫尔曼·黑塞曾经说过：

> “如果你厌恶一个人，那么你一定是厌恶藏在对方身体里的你自己。如若不然，则绝对无法撼动我们的情感。”

与此类似，患有奥赛罗综合征[①]的男性，往往也十分担心自己会乱性。我们常常将自己的情感状态投射在他人身上，并误以为对方将以相同的情感回应我们。这时，复杂的心理活动将激活相应的防御机制，往往“受伤”越多的人，其心理防御机制越原始、越不成熟。他们把自己的一部分投射在他人身上，并错误地认为这一部分并不属于“我”，而属于别人。

---

① 奥赛罗综合征，又被称为“病理性嫉妒综合征”，它是以怀疑配偶对自己不忠的一种以嫉妒妄想为特征（中心症状）的精神疾病（精神科综合征）。

那么，我们又是为何被别人疏远的呢？是因为我们不够讨喜吗？事实恰恰相反。往往是我们拒绝别人在先，别人不过是做出相同的行动来回应罢了。

在险象环生的时代里，有人建议一忍到底，这听起来十分残酷。对于那些曾经伤害过我们的人来说，似乎更应该“退一步”以求“海阔天空”。《汉谟拉比法典》有言：以眼还眼，以牙还牙。对于那些曾使我们伤心痛苦的人，为何不能给予有力的还击？对于那些讨厌我们的人，难道不应以同样的态度回应他们？可一旦如此，自我将在分裂与进攻中不断循环。一个人的心灵一旦受到束缚，其结局只能以悲惨与不幸收场。只有对自己和他人抱有同情，才能终止这种恶性循环。如果我们能以怜悯之心轻抚对他人的憎恶，我们对自己的厌恶也终将得到治愈。

与自己和解

步入不惑之年后，身体健康与否成为我们关注的核心话题。在人际关系方面，我们则会面临“与自我和解”的问题。如果说四十岁之前，我们将自己的大部分情感都过度倾注于朋友、单位上司、恋人、家人身上的话，那么四十岁以后，我们则需要花费更多的精力来解决与自我之间的关系。到了这个年纪，本来活泼开朗的自己，会不自觉地陷入无力与抑郁的情绪中，甚至会偶尔莫名其妙地发脾气。面对有些陌生的自己，我们不禁会问：“难道这就是我的本性吗？”之前一直将它忽略，没想到现在却来势汹汹，一下子摆在了面前，亟待解决。

明珠是一名职场白领，之前与初恋男友分手后，就一直没有投入新的恋情，最终错过了婚期。再加上硕士阶段的学习起步较晚，且并无太大的乐趣，明珠整日无精打采、郁郁寡欢。用她的话来讲，自己在工作上毫无起色，相亲状态不佳，生活毫无乐趣可言，她觉得自己患上了抑郁症。明珠易怒暴躁的表现，属于抑郁症众多类型当中的一种。逛街时常因小事与商场店员大吵大闹，一边嚷嚷着减肥，决定每天早晨只吃一小块饼干，一边又不断地抱怨“我这辈子算是完了”，最终也就这样浑浑噩噩地度过每一天。

然而，明珠小时候不仅学习成绩优异，还经常帮助经商的父母料理家务，出了名的孝顺。可是父母因生意繁忙无暇顾及家庭，连亲哥对明珠的虐待行为也充耳不闻。长大成人后，她遇到了自己的意中人，但由于父母的强烈反对未能成婚，明珠因此度过了一段十分艰难的时光。不过，家人对明珠的期待很高，再加上明珠有一份体面的工作，父母对此十分满意。然而不知从何时起，明珠发现自己开始萎靡不振，精神状态极差。对父母的期待落空，以及因此而起的爱恨情仇，已经深深地埋在了她的心底。明珠虽然看起来经常对别人发火，但实际上她对自己也充满了愤怒。

身体上的伤疤，长出肉芽后，就能重新愈合，这是人体的正常机能，是造物主赋予人类的自愈过程，不用辅之以努力便可以自然而然地实现。可心灵的创伤很难被治愈，因为它永远都不会消失。我们随时随地爆发的憎恨、厌恶、愤怒、自我否定等情绪，就是这些伤痕无法被抹去的直接证据。

虽然明珠一直在努力生活，却依然不断地否定自己的人生。无论家人还是外部世界，从未给予明珠心灵的慰藉，她的内心亦不断地强化“失败人生”的自我意识。

人一旦迈入四十岁的门槛，就意味着他已经与这个险恶的世界搏斗了四十个春夏秋冬。无论眼下的结果如何，不妨停下来稍做休息，对自己说“你已经尽力了”，为自己加油鼓劲。所谓四十不惑，是时候学会心疼自己，并逐步实现与自我的和解了。

这里提到的“心疼”，是要求人能够对自身的痛苦产生感性认知。但这并非意味着人在遇到问题时应该选择逃避，而是需要我们清楚地感知痛苦、倾听痛苦。过去，我们总是为事业、子女、家庭、业务而忙碌，直到最后时刻才能想起自己；现在，我们不妨重新审视自我，为早日重回生活舞台的中心而努力奋斗。

当我们对一个人的情感呈现爱恨参半的状态时，才意味着这段关系正式成立。

所以，如果一段关系里只存在爱或只存在恨，那么它并不能被称作真正的关系。

坚守初心，才能岿然不动

环视四周，我们的社会已经不知不觉地被各种治愈系鸡汤文所浸淫。“放空自己”是心灵鸡汤文里常见的语调，然而一个人的内心岂是说放空就可以轻易放空的？即便是道行高深的世外高人，也难免心存七情六欲，因为这是人类与生俱来的自然属性，只要在世上存活一刻，就难以躲避。所谓的“关闭神经”也是“套路满满”，其方法论《关闭神经的方法》居然一度成为畅销书受人追捧，但是神经根本无法被关闭。人之所以会“劳心费神”，不过是因为我们有血有肉地活在世上罢了。

无论是放空心灵，还是关闭神经，都算不上值得尝试的治愈良方。真正需要的是不断增强“心灵肌肉”的训练。若究其方法，我们首先要承认，有时候，心灵并不能被放空，神经也不可能被关闭。人类心理活动的特点决定了，无论怎样放空，心绪仍然会被不断搅动。

因此，我们需要深入理解干扰自己内心情感的各个要素，才能以不变应万变，培养强大的心理素质。这一过程，与世外高人通过修炼掌控自己心性的做法类似。当众多复杂的情感涌上心头时，只要头脑保持清醒，就一定能够客观、理性地管理自己的情绪。

为何“明知山有虎，偏向虎山行”？

精神医学上所指的“心理治疗”，往往以人在不自觉的情况下反复发生的行为模式为切入点展开。一般认为，人类是一种由理性思考支配的动物，可事实并非如此，非理性成分占据了很大的空间。在某一想法成型前，身体和心理早已开始悸动。我们常讲的“沟通”，普遍被认为是一种涉及语言本身的行为，但它实际上往往发生于语言行为的前一阶段。比如，婴儿在学会说话前，会用身体或特定的行为表达自身情感，这是将身体行动以非语言化形式呈现的一种方式。然而作为成年人，我们常常忽略这种行为。

宰赫是一位四十岁的中年人，自述被抑郁和失眠折磨多年，他的父亲是一名成功的企业家。宰赫因是家中长子，从小就在父亲的高压下成长，最终变得畏首畏尾，从未表达过自己的真实情感。在父亲的棍棒式教育下，宰赫顺利考入了名校，但最终没能完成学业，只因为他自入校起，就开始沉迷于令父亲嗤之以鼻的摇滚乐。从此，他开始忤逆父亲的意愿，至今已有十个年头。

“如果你问我，这十年来究竟幸不幸福，那么我的回答是否定的。”

离婚后，宰赫开始独自生活，并进入父亲的公司，从零开始学习相关业务。虽然心中充满了不快，但他认为这似乎才是自己的归宿。自己用“迷途知返”换得了父亲的欣喜，宰赫觉得自己尽到了孝顺的义务，内心充满安逸与幸福。

虽然宰赫努力学习公司业务，努力做父亲眼里的“乖孩子”，但不知从何时起，他开始被一种难以名状的无力感所困扰。他开始酗酒，内心充满了羞愧，并且每天早晨起床都会有深深的厌世情绪。宰赫不断问自己，究竟要不要辞去工作，不依靠父亲的帮助，开创属于自己的事业。

从小到大，英雅的身心便被父母严格束缚，从不忤逆他们的意志。所以，她在别人眼里保持着温柔顺从的形象，对别人的要求亦是悉数满足。无论是事业、婚姻还是生育，她都按照丈夫的意愿行事，从未反抗。然而，在工作单位组织的一次例行体检中，英雅的身体指标出现了异常。丈夫让她尽快做进一步检查，但她以单位公务繁忙、需要督促刚上初中的儿子学习为由屡次拒绝。丈夫越是催促，英雅就越是抵触，检查被一拖再拖。最终，丈夫终于爆发，质问她为何在这件事情上推三阻四，英雅吓得一句话也说不出来。

以上两个例子，在我们的生活中其实并不少见。可以看出，不论是宰赫还是英雅，都固执地维持着类似的生活模式。而这种模式已经成为他们思维的一部分，以非语言的形式反复出现。对父亲的敌对与自责束缚着宰赫，使他进退两难；面对丈夫的"命令"，英雅不顾自己的身体健康，以消极的态度实施反抗。

在找寻心灵出口之路上得到治愈

如果有一天，宰赫与英雅能够意识到解放自己内心的重要性，哪怕能够感受到内心的些许律动，也许就能摆脱目前生活的恶性循环。只有这样，受伤的心灵才能开始被治愈。

对宰赫与英雅来说，正是他们对家人爱恨参半的矛盾心理，造成了自己目前的无力状态。如果他们能够接受这一现实，就可以开始锻炼，努力成为自己的主人。在这一过程中，所有的尝试都是一种练习，关键是要勇敢地迈出第一步。试想，当我们学习骑自行车时，第一次踩踏板一定会十分害怕。对于像我这种毫无运动天赋的人来说，控制蹬腿的力度都十分困难。可一旦熟悉了动作，就能够自由自在地享受骑自行车带来的快乐了。

治愈心灵的训练也有同样的原理。比如，对于那些无法进行情绪调节训练的人而言，他们除了压制怒火（神经紧绷）或彻底发火（爆发愤怒），并不知道其他行之有效的方法，要不然就索性将自己的责任（压抑）转嫁（投射）到他人身上，做法十分极端。实际上，只要他们熟知无意识状态的制动原理，就能像骑自行车一样，实现自如调节情绪强度的目标。

在日常生活中，复杂的人际关系会使我们疲惫。每当遭遇这样的时刻，我们要避免陷入痛苦，并清晰地了解自己当下的心理状态，以便采取最佳策略解决问题。三十岁刚出头时，人际关系问题就开始不断困扰我们，所以我们要以积极的态度迎接这一挑战，为今后的生活打好基础。只有发挥主观能动性，才能避免被各类人际关系牵绊，进而确立自己的主导地位。

在日常生活中，复杂的人际关系会使我们十分疲惫。

每当遭遇这样的时刻，我们要避免陷入痛苦，并清晰地了解自己当下的心理状态，以便采取最佳策略解决问题。

只要解开自己的心结，所有问题的症结也将迎刃而解。

夫妻关系，是一项终身课题

“我其实也不是很想交男朋友，相比之下，好像更需要一位约会对象。我们可以一起吃饭，周末一起看演唱会，偶尔还可以一起睡觉……不过，我并不希望我们发展成持续稳定的恋人关系。如果正式确定了恋爱关系，两个人就一定要经历束缚、期待、失望等感情，实在是太累了。”

对于二十岁的妍儿来说，可能她的确需要一位这样的“伴侣”。两个人可以毫无负担地交往，共同分享年轻时的热情与肉体上的欢愉。然而，一旦过了二十岁、步入三十岁，我们就不得不放弃与他人偶遇的机会，转而寻求可以与自己共度一生的人。一段稳定长久的亲密关系，能够产生足够的安全感。同时，所谓的“伴侣”也与单纯的约会对象不同，是可以与我们相互依偎、相互信赖、携手一生的对象。

爱情泡沫

就算两个相爱的人步入了婚姻的殿堂，他们也可能并不十分了解对方。因为爱情往往会蒙蔽一个人的双眼，使其无法认清爱人的真实面目。不过，也许正是因为“不够了解”，两个人才能坠入爱河，最终携手走向婚姻。只有真正经历爱恋与憎恶，才能除去一个人的光环，更加清晰地认识一个人。因此，很多人在婚后住在同一屋檐下时才忍不住感叹，总觉得自己的另一半在婚前婚后像变了个人似的，完全不同。实际上并不是人变了，而是我们逐渐对另一半有了更加全面立体的认识。有些人与朋友相处时是一个样子，与家人相处时又变成了另外一个样子，两者之间的差距很大。因为当两人相恋时，恋人关系不过是“我”与“他”，但结婚后两人转变为亲情关系，“我”与“他”转变为“我们俩”，所以另一半就会在婚后有完全不同的表现。

处于恋爱关系中的人，愿意相信自己与另一半的爱情一定会天长地久、永远甜蜜，但这不过是一种幻想。一旦选择结婚，双方就应该明白这种甜蜜并不会一直持续下去。有些男人回家后就把袜子随处乱扔，直接拱起了妻子的无名怒火，此时男人就会抱怨，别人家的老婆对丈夫如何温柔体贴；还有些男人对辛苦带孩子的妻子不闻不问、漠不关心，却对别的女人温柔有加。经历过婚姻生活的夫妻都表示，自己根本无法理解当初是如何爱上对方的。而中途散场的情侣们，也都感慨如果当初自己少一些理智，应该也能和对方走入婚姻的殿堂。那么这些人之间的关系究竟经历了怎样的发展，变得若即若离呢？

渐行渐远的另一半

全熙身边的朋友都已经结了婚，她自己也开始相亲。可见过不同男性后，她反而越来越担心，使自己足够满意的另一半似乎永远不会出现。但全熙并不甘心做一名“老姑娘”，于是她下定决心，即便对方不是一百分的男人，也可以考虑做结婚对象。全熙不再考虑年龄，也不再执着于对方的条件，只要能结婚就行。然而婚后五年，她与丈夫的婚姻遭遇了危机。

与全熙结婚后，丈夫仍然像个孩子一样，加入了一个车友俱乐部，每到周末都会和俱乐部的朋友们厮混在一起。不仅如此，丈夫还总以事业为借口豪饮到深夜。为此，夫妻两人彼此抱怨、争吵不断，可问题始终没有得到彻底的解决。结婚后虽然身边多了一个人的陪伴，但全熙依然感到孤单，她只能独自照顾孩子，忍受寂寞。

就在这时，单位同事然浩悄悄走入了她的生活，使她的想法产生了动摇。当初，她与丈夫约定厮守一生，如今发生了这样的事情，她将如何整理与丈夫的感情？复杂的情绪使全熙万分痛苦。思想上的变化，其实与她身边出现的追求者并无关系，真正令她感到煎熬的，竟然是自己与丈夫根本无法沟通。如果这个问题不能顺利解决，丈夫很有可能首先向她提出离婚。

> “院长，五年并不是一段很短的时间，可我们两个人为什么就是过不到一起呢？”
>
> “五年并不算什么，夫妻二人应该以共同生活五十年为目标，一起努力经营婚姻。”

这是我与全熙之间的对话。夫妻本来就是“生活在同一屋檐下的陌生人”，并非绝对意义上的丈夫和妻子的关系。

人类有不断重复自己固有生活方式的特点。我们并不喜欢接受他人的评判，却倾向于在自我意识里审视他人，这是因为每个人的生活背景和成长环境不同，心理状况也不尽相同。所以在日常生活中，夫妻二人要主动向对方讲述自己的不同点，并学会相互理解、相互宽容。只有这样，婚姻关系才能长久稳固。

还能爱得起来吗？

对于不少共同经历过风雨、抚养孩子成人的夫妻而言，“爱情真空”现象十分常见。看起来恩爱有加的两个人，婚姻生活的真实面貌只有他们自己最清楚。

在林是一位六十岁出头的男性，由于自营的公司倒闭了，他不得不选择艰难度日。公司由法院接管后，在林的所有财产也将面临相应的处置。然而，最令他感到痛苦的是自己妻子的横加指责与精神压榨。妻子怒火中烧，抱怨丈夫事业失败，自己不得不与之前的“成功人士”切断联系，交际圈质量瞬间降级。在林觉得，在自己最艰难的时刻，妻子理应给予支持与关怀，可她偏偏一样都没做。

我们仔细分析就能得出结论，在林之前为事业奋斗，显然完全忽略了与妻子的沟通。自己在外打拼，妻子在家独自维持生活。然而，他们谁都不肯承认婚姻已经出现了问题，因为在外人看来，他们两个人伉俪情深，周围还有不少有权有势的朋友。如今，用来维持体面婚姻的金钱、名誉已经消失殆尽，两人感情的真实情况也逐渐露出了庐山真面目。在林爱的并不是妻子，而是金钱带来的成就感，妻子爱的也不是丈夫，而是丈夫为她打造的华丽的“社交舞台”。二人的婚姻，就像一个典型的展示橱，既没有真爱，也没有纽带。

年轻时步入婚姻的夫妇，岁月将他们的青丝染成了白发。婚姻生活本身也大抵如此，岁月会为它披上不同颜色的外衣。对于女性而言，婚后要为人母，所以在很长一段时间内，她们会忽视自己，一切以孩子为重。此时，男性就极其容易遭到忽视，甚至还有人以生育为借口，称自己的妻子失去了女性的魅力。女性尽全力扮演好母亲角色的同时，男性则在职场奋斗，努力获得一定的金钱与成就。

夫妻双方朗读婚书时，立誓二人将因爱结合，婚后却固执地坚持自我，呈现出完全不同的生活轨迹。两人炽热的爱情为家庭角色与责任感让位，对彼此的关心和尊重也逐渐化为二人关系的疏远与彼此之间的隔绝。尤其对于四十多岁的人而言，正值“上有老、下有小”的阶段，有时难免会因养育子女、经营社会生活而感到厌倦。也正是在这一危险的时期内，夫妻之间容易心生怨念、相互抱怨。

夫妻关系并不是一个静止的概念，它在不断变化中向终点迈进。如果超越共同抚养子女这一共同体概念，所谓伴侣，就是能够陪我们度过人生最后时刻的伙伴。如纪伯伦所言，如果相爱，就不要让彼此成为枷锁，既可以一起歌舞，还能尊重彼此的独立空间。一段深厚持久的夫妻关系，一定是在平时对彼此的爱意中无声成长起来的，是每天不断积累的韧性和包容造就而成的。只有当二人面对问题时及时补救，“夫妻关系的真空状态”才永远不会光临。

爱情往往会蒙蔽一个人的双眼，使其无法认清爱人的真实面目。

只有真正经历爱恋与憎恶，才能除去一个人的光环，更加清晰地认识一个人。

成人方知父母心

为了能够尽量远离父亲，世昌一直不停奋斗，为自己的事业打拼。直到四十八岁那年，父亲命不久矣，他才开始逐渐接纳父亲，两人的关系最终有所缓和。因为父亲曾经两次再婚，为他找过两任继母，所以世昌对父亲一直十分抗拒。如果追根溯源，对世昌的经历有所了解后，我们就自然能够理解他的感受。为了减少冲突，世昌只能选择住在寄宿学校里，虽然当时成绩优异，但因为与父亲的一次争吵，世昌一气之下选择了去一所地方院校就读。出国留学后，世昌与当地的一位韩侨成婚，打算定居海外。如果说世昌一生都在想方设法与父亲保持距离的话，那么世昌的父亲则一直过着跟在儿子背后缓步前行的日子。

过去的三十年里，世昌一直在远离父亲的环境中生活，如今父亲的生命只剩下不到两个月的时间，他想借机改善同父亲的关系。于他而言，能够在父亲撒手人寰之前，鼓起勇气改善父子关系，似乎更像是一种不幸之中的万幸。

其实不仅世昌家的情况如此，几乎全天下的父子关系都显得有些尴尬，冷淡起来几乎可以用冷若冰霜来形容。孩子眼里的父亲，不过扮演着家中长辈的角色，子女们对父亲的生活环境、生活方式，几乎从未关注过。小的时候，因为年龄的原因无法理解，长大后因为要过自己的生活，又没时间理解。我们似乎能够以生活为由，心安理得地牺牲掉了解父母的时间。

儿女总是站在自己的角度看待父母，而父母也总是以自己的价值观看待子女。人际关系明明可以以多种形态出现，可亲子关系偏偏一成不变。父亲永远是父亲，儿子永远是儿子，于彼此而言，二者之间的角色绝无变化的可能。正因为判断的视角过于单一，二者才无法全面地认识彼此。只有从自我本位中脱离出来，才能迎接亲子关系转折点的到来，最终改善目前的尴尬局面。

提前为父母的离世做好准备

只有站在双方关系的转折点上，才能以更加完整的视角重新认识父母。看到往日一向健硕的父母，如今的身形却日渐佝偻，子女们才能感受到这一转折点的存在。如果一个人在四十岁时能够明白这些道理，且双亲身体还算硬朗，那么他还有足够多的时间回馈父母。但目前看来，很多人要等到五十岁，才能感受到亲子关系中转折点的存在。

目前三四十岁的人，不仅是一家之主，还是社会的中坚力量。然而，这些人在大多数时间里，仍然会在经济上、心理上极度依赖父母。我接下来的话，可能会深深触动各位的心灵。试想五到十年以后，父母一旦离开人世，我们是否会因此而感到遗憾与悔恨？为什么一定要将这个期限设定为五到十年呢？因为父母很有可能在这段时间内离开我们。

很多子女错误地把自己的五年与父母的五年画上等号。事实上，即便父母在世且仍然健康，五年后也未必会像现在一样精神矍铄、保持威严。于我而言，直至母亲去世，我才后知后觉地感受到遗憾与悔恨。所以，当世昌说自己父亲的生命还剩两周，想要为他做些什么时，我实际上是有些羡慕的。

母亲在世时，我从未关心过她的人生往事，也从未倾听过她的心里话，现在回想起来，我觉得无比悔恨。因此我想建议各位，不要等到父母去世方觉遗憾，一定要提前对他们的离世做好心理准备。只有这样，才能更好地理解父亲，才会愿意倾听母亲的心声。

父母并非生来就是父母

只有做好父母离世的心理准备，才会对父母有全新的认识，理解他们存在的重要价值，并对他们心怀感恩。世昌在与我交流的过程中，突然发现他能够以更加广阔的视角看待自己的父亲了。

世昌从亲戚那里听说，自己父亲的成长环境其实并不理想，小时候并没有长辈陪伴他长大。世昌将近五十岁时才决定接纳自己的父亲，可是父亲说，他很早就已经原谅了那个将自己抛弃的人。听到这里，世昌不禁潸然泪下，他哭着说道：“可父亲也是一个缺少父爱的人啊。”从此，世昌决定逐渐走向自己的父亲。

母亲并非出生时就注定要成为某个人的母亲，想必这个道理理解起来并不困难。如果世昌能够明白，父亲曾经也是一位努力生活的年轻人，大概他就不会与父亲疏远那么多年了。虽然父亲曾多次离婚、再婚，也没有为世昌提供安定温馨的家庭环境，但他一直将儿子带在身边，从未撒手不管。因为父亲不想让自己的儿子也体验一次被人遗弃的痛苦，这就是他对世昌深沉的爱。

爱恨尽头，就是原谅

分别已久的家人决定走向和解时，原来的痛苦、矛盾都已变得不再有意义，彼此原谅才是最为重要的。年轻时，人们由于心智不够成熟、缺乏安全感，被害心理可能会非常明显，可一旦感受到足够的安全感后，又会向对方生出恻隐之心。

子女与父母之间的爱憎关系，以分裂的状态存在。爱与憎泾渭分明，二者之间的矛盾难以化解。待子女心智成熟后，其对父母的感情，也将由爱恨交织转变为同情与理解。如果实在难以理解这一描述的话，可以把爱与恨想象成分属不同空间的两个要素，它们会通过和解这一过程，最终进入同一空间，当事人也就自然而然地达到了相互理解的状态。俗话说“养儿方知父母恩”，这里的“知”正是指子女可以全面看待自己与父母的关系。

因此，所谓的成熟实际上就是彼此毫无关联的要素统一、重组后达成的状态。

抽空了解父母的人生

一个人只有经历了为人子女、为人父母的过程，才能够清晰地认识到这个世界上根本就没有完美的父母可言，而这一过程，亦是一种成长的契机。所谓“完美”，是一个抽象且模糊的概念。认同上述观点，也并不意味着亲子间就可以达成情感上的和解或逻辑上的理解，它仅代表双方已经放下了对彼此的幻想与执念。然而，虽说世上并无完美的父母，但他们一定会尽己所能，努力把子女培养成更加优秀的个体。

如果说世昌过上了比自己的父亲更加幸福的生活，那一定是因为父亲曾不顾儿子的厌恶，数十年如一日地守护在他的身后。

父亲明明自己就是弃子，却不允许世昌遭遇与自己相同的命运，不管何时何地都把儿子带在身边。要知道，这绝非易事。一名惨遭父母抛弃的少年，长大成人后，毫不在乎儿子对自己的憎恶，多年未曾放手，这本身就需要莫大的决心与毅力。而世昌的父亲在最需要亲人陪伴的时候，身边却既无父母也无儿女。因此即便从一般的人情世故来看，世昌原谅自己的父亲也是理所应当的。

如今人文学盛行，而人文学科本身就是研究与人相关的问题的一门学问。而在生活这所学校里，子女对父母人生的了解，也是一种人文学，而且是人人必修的课程。

只有亲历生活，才能走向成熟，接受并不完美的父母，并产生对他们的“恻隐之心”。

为人之父的意义

电影《如父如子》曾获2013年戛纳电影节评审团奖，同时它还有一个副标题，叫作“那天以后，我所熟知的所有事情，都变得不再相同”。电影主人公良多任职于一家知名企业，是人们眼里所谓的成功人士，他与妻子生活在位于新宿的一间公寓里，儿子庆多像极了男主人公，也是学校里的优等生。良多工作一直十分努力，直到某天他接到了一个电话，犹如晴天霹雳。养育了六年的儿子，竟然与自己没有任何血缘关系，只是因为医院当年的失误而被误抱回了良多家。

良多本人在父亲的严加管教下成长，受尽了压迫，他生活的目标就是取得成功。因此，良多将他在父亲那里学到的教育方式，原封不动地移植到了自己儿子身上。他不断向儿子灌输着自己的理念，直到医院通知他儿子并非亲生的消息。

接着，电影的视角转向了庆多生父一家人的生活，正是他错抱了良多的亲生儿子琉晴。庆多的生父雄大，靠经营一家破旧的电器门市养活三个儿子。雄大会为孩子们修理坏掉的玩具，并且只要儿子们愿意，不管什么时候都会一起出门和他们放风筝。看到自己的孩子拥有一屋子玩具，性格活泼开朗，作为琉晴的亲生父亲，良多倍感惶恐。

琉晴眼巴巴地望着良多，仿佛在说："虽然他不是我的亲生父亲，但我在他的陪伴下生活得很幸福。"一次偶然的机会，良多看到了庆多拍的照片，泪水止不住地流了下来，照片所记录的正是自己熟睡的样子。良多终于通过两个孩子意识到，自己在奋斗的历程中究竟失去了什么。

良多所映射出来的角色形象，与韩国的父亲们相差无几。他们认为自己只要懂得在外挣钱就好了，至于其他的事情，通通丢给妻子去做就好了。如今，韩国的父亲们都过着忙碌的生活，自己虽然没有尽到一名"合格"父亲的义务，却又不得不通过言传身教，将"父亲的形象"遗传给儿子。这种做法，就好比把一个人推到悬崖边上，对他说："接下来的路，你自己走吧。"

心理学视角下的"为人父母"

父母这一概念，在生物学与心理学领域，有着完全不同的解释。虽然大家都明白，父母的作用并非仅在于使孩子出生，大家也都清楚孩子出生后不可能一夜之间长大，但大家不明白的是讨论这个问题的意义究竟在哪里。男性如果想要成为父亲，远比女性成为一名母亲困难得多。

女性一旦怀孕，就可以感知自己身体上的变化，并意识到自己已经成为母亲的事实。然而，男性不存在这一生理、心理的变化，无法直接感受自己角色的转变。只有当孩子第一次喊他们“爸爸”时，男性父亲的角色意识才能够被唤醒。有些男性甚至表示，直到孩子升入初中、开始闯祸时，他们才突然意识到自己已经是一个孩子的父亲了。如果仅比较这一过程的话，男性就要比女性晚上十年。

此外，男女完成角色认知所花费的时间也不尽相同，男性要明显久于女性。不过，男性绝不可以把“较晚意识到自己的父亲角色”当作一种宿命，甚至作为一道挡箭牌为自己开脱，因为孩子的成长并不会停滞不前。或许孩子只有小时候短暂的一段时间才需要父亲的陪伴，而在孩子最需要的时候，陪伴在他们左右，是父亲无论如何都应具备的德行。

我们也想成为称职的父亲

美国精神分析学家柯拉鲁索认为，男性成年早期的发展与“形成亲密感的能力”和“成为父亲”两大课题有关。那么对于男性而言，成为一名父亲究竟具有怎样的意义？在男性的自我认同中，“父亲”这一角色又占比多重呢？

大体上讲，男性会把在社会上取得的成功、获得的优越感，当作检验自身价值的标尺，用财力和权力来证明自己的魅力。对于男性而言，不管是家庭、职业还是社会角色，不过是衡量自身价值的一个维度；反观女性，则一般会把家庭、丈夫、子女融为一体，共同用来衡量自身价值。

不过，这种传统观念也在逐渐松动。过去，由于父亲们普遍与家人缺少亲密感，造成了他们与家庭成员之间的疏远，如今年轻一代的父亲们意识到了这一点，并开始采取行动，试图扭转这种局面。在英国，年轻的父亲们信奉“现代父爱”理念，强调“爸爸也是家长”，并从孩子出生起就主动参与到育儿的过程中。对于他们而言，虽然自己的父亲未必做得尽善尽美，他们更不知道父爱为何物、一名合格父亲的标准是什么，但“爸爸也是家长”的口号表达了他们强烈的意愿。如果说父爱可以通过后天努力被不断开发出来的话，那么作为配偶，母亲们则应该学会耐心地等待。

有人用“男人来自火星，女人来自金星”来形容男女之间的差异，但这句话的前提就是错误的。男性和女性不仅来自同一星球，他们还生活在同一屋檐下。不过，男女之间的确存在一定的“时间差”。女人先来到这颗星球，男性则稍迟一些，他们需要在女人的帮助下努力生存、适应这里的生活。所以作为一名“后来者”，男性应该在自己的妻子忙碌之余，哪怕只是抽出周六半天的时间，主动把孩子带离妻子的视线，比如一起外出踏青等，以减轻妻子的育儿压力。作为父亲，陪伴孩子的意义是其他事情无法替代的，而父亲陪伴自己的场景，也会永远镌刻在孩子的心中。

父亲的陪伴

在孩子最需要的时候，陪伴在他们左右，是父亲无论如何都应具备的德行。

第五章

是时候拥抱自己了

无力感是人生全新启程的信号

在一些女性经常光顾的网站上，经常可以看到这样的问题：“你觉得自己是宝妈吗？或者你觉得自己是女人吗？”实际上，我们常说的“宝妈”一词，因为被赋予了些许与性有关的含义，所以听起来似乎与单纯的“女性”多少有些不同。

进入四十岁后，女性常因他人的目光而焦虑，比如看中了一件自己十分满意的衣服，却会担心“都一把年纪了，还这么打扮，会不会不太好”。然而从生物学的角度来看，此时的女性并未闭经，但她们十分担心自己已经失去了女人的魅力。不仅如此，她们还身负家庭的责任，负担不可谓不重。

我结婚后，也曾有过被妻子、母亲、儿媳多重身份同时“加冕”的经历。然而随着时光的流逝，当我逐渐适应了这些角色后，一阵阵空虚感反而涌上心头，我不禁问自己：“上次提起令人期待的生活或者变化之类的字眼，是什么时候的事儿来着？”在每个人的成长之路上，难免会经历这样的“灵魂拷问”。

生而自由

三四十岁正是一个人生产力最旺盛的时期，人们往往抱有极强的好胜心，试图在职场上大展拳脚。因此，作为社会的中流砥柱，这个年龄段的人也是最忙碌、最劳累的。他们身兼数职、责任极大，既是工作单位里的中层领导，也是家里的父母、儿女，既要买房置地、抚养后代，还要赡养双亲。在生活的重压下，他们又何尝不想靠在坚实的臂膀上哭泣，可这样的安慰实在难以寻觅。不知从何时起，他们失去了与家人的交流，夫妻感情也转变为对彼此的义务。所以成年后的我们，常常与孤独和痛苦相伴。

妍熙是一名全职太太，她一直认真努力地生活，最近却对自己的人生产生了怀疑。自丈夫升任部长以来，家里养儿育女、大小事情全靠妍熙一人操持。每天做完家务后，她需要检查两个儿子作业的完成情况，不仅如此，每天还要接送他们上辅导班，忙得不可开交。不仅孩子们一有风吹草动都会找妈妈解决，妍熙还要抽空看望自己的母亲、婆婆。可是即便如此，老公和婆家人还是会时不时挑刺，质疑她的付出，妍熙为此十分恼火。过去，她和老公不仅经常交流，还时常外出旅游，如今丈夫变得十分易怒，夫妻二人经常吵架。妍熙说自己十分想逃离这样的环境，去一个没有丈夫、没有孩子的地方生活。

贞熙是一名医生，丈夫在大公司上班，婆家实力不俗，她还生了一个帅气的儿子，这样的生活简直羡煞旁人。然而从三年前起，她就想要放弃一切，逃离目前的生活。贞熙一直是别人眼里的模范生、乖乖女，从小就在母亲的要求下努力学习，长大后成了一名医生。母亲觉得她长得不漂亮，找一个能喜欢自己的人并不容易，所以在不断的催促中，贞熙不到半年就与相亲认识的男人结了婚。婚后，她顺利生下孩子，一切都按部就班地进行。然而，养孩子、做家务、当医生使贞熙异常忙碌，一晃眼人就年过四十了。她说，看着镜子里自己眼角的皱纹、下巴上松弛的脸皮，着实使人郁闷。

对于贞熙而言，无论是学业还是事业，她都是按照母亲的意愿一步步走来的。如今结婚九年的她，打算把医生、母亲、妻子、儿媳、女儿这些名分全部抛弃，做一个自由自在的普通人。她对我说，特别希望每天能留出一到两个小时，用来做自己想做的事情。

女性为何更容易感到疲惫？

人们普遍认为，男性与女性的起点不同，评判未来的标准和期待值也不同。男性往往倾向于追求社会和经济意义上的成功，他们所经历的挫折与矛盾也大多与此相关。然而女性更容易沉浸于主妇与母亲的角色，最终导致迷失自我。而对于那些上班族母亲而言，她们的身上还要承受来自职场的压力，被各种角色所撕扯。

> “我的工作？恐怕下辈子我才能做自己了，现在做的事情，不过是养家糊口而已。”

很多男性会以此为借口，为自己开脱。虽然男人抚养家庭的责任要比女性更重，但他们同时也为自己争取了一定的财力和权利。作为具体的工具，钱和地位可以传播一个人的影响力，是一条实现自我价值的捷径。

然而对女性而言，她们往往通过丈夫与孩子间接获取成就，并以此衡量自身生活的价值，而这往往需要丈夫与子女的奉献，可这种奉献不过是虚无缥缈的概念，与女性个人取得的成果并无直接联系。男性的成就可以用事业和财富为标准得以量化，而女性的情况却与此截然相反。

因此，已婚女性往往将子女和丈夫当作生活的中心，所以她们更容易陷入精疲力竭的状态中。当努力的结果与自己无关，甚至不能使人感受到一丝丝的成就感时，这种努力很容易就会丧失动力。这就是为什么有些女性虽然在家务活和育儿问题上消耗了极大的精力，却感觉毫无价值甚至深感无力。对男性而言，却无法轻易察觉女性的这种无力感。

克服无力感与孤独感的方法

四十岁后，中年危机逐渐来袭，常常以无力、抑郁的形式表现出来，这是男女必须经历的成长过程。之前一直朝某个方向努力，现在却突然失去了欲望、走向了虚无，人生从此陷入了“似活非活”的状态，不知未来将要走向何处。

过去认为重要的东西，现在却感觉毫无意义，再也无法推动个人成长时，人便因此陷入了抑郁。一个人一旦认为当下的生活不能继续带给自己幸福感时，便会感到困惑与无力。不过，我们并没有必要因此感到恐惧，甚至想要逃避。实际上，这种无力感不仅是生活将要迈向新台阶的信号，更是一个人希望获得进一步成长的内在要求。

全职太太们会在这时考虑再就业的问题，仔细一想却不知道这个年纪可以做些什么，于是深陷无力；而职场女性们则会反思自己拼杀一场究竟意义何在，最终倍感自责。当信心遭遇打击后，如果想要避免出现“职场疲劳综合征”，我们就要仔细留意自己是否已经出现了相关的症状。在身体能量与精神能量被消耗殆尽之前，一定要学会给自己松口气。

享受闲暇时光

有必要的话，还可以积极从丈夫或身边的亲朋好友处寻求帮助，并最大限度地利用各种社会机制。比如每到周末，可以将手头的一切工作托付给别人，享受属于自己的闲暇时光；按照轻重缓急给身边的一切事务排序，也是一个不错的方法。如此一来，我们不仅可以有效地进行时间管理，还能更好地掌握工作与休息的节奏感。越是全情投入，短时内效率越高，休息的时间也能得到保证。充分的休息，又能够保证工作充满能量，形成良性循环。只要照此努力，幸福感就不会丧失，因过度疲劳导致的无力感，以及意义缺失带来的孤独感，也自然不会不请自来。

一个人一旦认为当下的生活不能继续带给自己幸福感时，便会感到困惑与无力。

实际上，这种无力感不仅是生活将要迈向新台阶的信号，更是一个人希望获得进一步成长的内在要求。

避免被人轻视

所谓“愤怒社会”，并不仅仅指人们身处其中变得易怒，它同时还要求人们通过一点一滴的小事，培养控制愤怒的能力，这才是愤怒社会的完整定义。对于普通人而言，有人会因无法管控愤怒而使自己的努力前功尽弃。情绪管理在成长、成就、成功三大问题上，扮演着不可缺失的重要角色。

对于平头百姓来说，问题越小，需要付出的感情越多。拼命压抑自己的怒火，得到的回报如果仅仅等价于区区一顿饭、瞬间的平静、一口水的话，为什么不索性把愤怒全部宣泄出来呢？自己思前想后、忍了又忍，但结局只能使人更加轻视自己。越是如此，越会觉得自己的忍耐毫无意义。

因此在当今社会，享受生活已经变得越来越困难。当平凡生活的成本日益增加时，社会成员对愤怒的忍耐度就会日益降低。但实际上，情绪管理水平越高的人，其获得成功的可能性越大。

所以，控制愤怒等情绪的能力，不仅为领导者所独有，更是每个普通人应具备的技能。

压抑情感，伤害自尊

哲学家姜信柱认为，如果一个人的感情认知能力出现障碍，那么他极有可能贪恋暴力或从属于他人。从精神分析学的视角看，一个人如果不能感知他人的痛苦或悲伤，那么他也很难控制自己的情绪。

为什么男性有压力时，总想来上几杯“深水炸弹”呢？因为这种方法简单易行，可以瞬间让人从劳累中解脱出来。感知抑郁、自责、愤怒等负面情绪，是一件十分痛苦的事情，而逃避痛苦、追求快乐却是人类的天性。豪饮可以使人忘却痛苦，酒精可以使人不费吹灰之力就获得愉悦。

然而，这种方式无异于饮鸩止渴。感情以最原始的形态潜伏在人体内，只有仔细观察，才能对它有所了解。因此在这一过程中，我们首先要将它身上的外衣缓缓解开。其次，我们要将冤屈、羞耻或者“欲杀之而后快”的厌恶等情感贴上合适的标签，形成管理情绪的基础，避免被自己的感情所控制。只有夯实这一基础，我们才能厘清自己情感的脉络，以便进行更深层次的管控。

我很同情那些自我情绪管理能力天生薄弱的男性，可在时下感情泛滥的文化氛围里，拥有自我情绪管理能力十分重要。与女性相比，男性好像更容易闯祸，因为他们往往在解决问题时首先跳过制定“心理方案”，选择直接采取行动。

闵进锡每次来诊室找我的时候，都要用掉一大包纸巾。虽然他看起来温顺靠谱，却有一个绰号，叫“双重人格”。虽然他的行为还不至于被判定为愤怒调节障碍，可他的自尊心一旦受到打击，脸色就会瞬间改变。他给我讲过一个曾经发生在他身上的小故事。进锡曾参与过一个项目，但在执行过程中，部长突然将截止日期提前了三天。如果因此与部长争执，他担心会影响组内氛围，所以开会时进锡一直沉默不语。会议结束后，组里的一位年轻同事说，进锡科长甚至比部长都要让人感到害怕。这一番话，被进锡听到了。

“我听别人说他只会两种表情，除了笑就是怒。”

“进锡的确总会突然一下就变脸，可能会让孩子们觉得不知所措。”

“早说让他注意点儿了，不知道为什么还这样。”

“那种表情，就好像一个人突然被人无视、突然受挫，接着就要发火似的。”

进锡向我诉苦，每当听到这些话，他就更不知道该如何管理自己的情绪了。

与女性相比，韩国男性变成双重人格的风险更大。这固然与男性缺乏情感表达、得到认可的机会较少有关，但有些人控制情绪的能力的确不太理想。似乎感性专属于女性，理性专属于男性，男性即便不太擅长情绪管理也无可厚非。

如果一对夫妻同时找我做心理咨询的话，我一般会建议妻子帮助丈夫精进管理情绪的能力。因为只要妻子能够察觉丈夫的情绪变化，比如为他提供可以哭泣的时间和空间，即便不采取任何特殊手段，目前这种局面亦可以从根本上得以扭转。

曾经有一位全职太太分享过一个小妙招，让我觉得颇有意思。她偶尔会在家里留一张便笺，写上“亲爱的老公，今天家里就你一个人，要过得开心哦”，然后带着孩子外出游玩了。

当今社会的竞争，不仅会使赢者落泪，输者亦要哭泣。人在江湖，身不由己，我们肯定会遭遇社会不公的待遇，或根据不同情况，自己不得已踩着年轻人的肩膀向上攀爬。同理，当我们遭遇压力时，其实只要合理发泄情绪，就可以有效防止自尊心受损。

压抑是最不可取的情绪管理方案。当抑郁、受伤的情感急需释放却被不断压抑时，人自然而然会深感无力，觉得自己一无是处，自尊心也会受到极大的打击。如果一个人已经习惯了压抑自己的情感，那么可以试着在日常生活中进行一定的释放练习。为什么说一个人受到委屈时更需要照顾好自己的情绪呢？因为对于那些习惯于压抑自己情感的人而言，他们更愿意看别人眼色行事。所以这部分人平时更应该努力练习，以便再受到压力后能够更加合理地应对。

逃离不合理的相处模式

进行释放感情练习的同时，还有必要进行调整自我角色的训练，我们可以用进锡的经历来举例说明。当部长提出不合理的要求时，进锡脸色突变，选择默不作声，而且遇到类似情况的时候，他也从未直接提出自己的意见，或索性将其改正。部长当然对进锡的心理了如指掌，他认为进锡“怎么压都压不垮”，所以就随意更改任务结束日期，或将任务全部推给进锡来做。

对于经常压抑自己愤怒的人而言，他们的抱怨无非是为什么自己总是一忍再忍，而对方却能够随心所欲地发脾气。在人际交往中，人们往往会与他人形成某种错误的固定相处模式，习惯忍耐的一方会一直忍耐，而任性的一方则会一直任性下去，但选择压抑的那一方的结局往往不会很好。那么，如何才能从这种模式中摆脱出来呢？千万不要寄希望于他人的改变，因为冰冻三尺，非一日之寒，任性的人已经在这种模式下尝到了甜头，甚至觉得自己毫无改变的必要。这时，应该根据对方的反馈调整策略，最终使问题得以解决。

首先，观察足以触发对方特定角色反应的行动模式。在某段关系中，人们总是会对各种角色进行反应，并给予一定的回馈。心地善良、依赖心理强的人，一般都有一颗乐于助人的心；然而那些诡计多端的人，则会易怒或者对人冷淡。所以，这里有一个能够巧妙待人接物的小技巧。当一个人想要表达不满、急于吐槽前，应该想清楚对方怎样看待自己，以及自己的哪些行为引发了对方的相关反应。

其次，避免攻击性过强，合理提出自己的意见。韩国人习惯于以并不恰当的行为表达自己的主张，例如孩子如果提出自己的主张，就会被认为不懂礼貌，在老师面前抒发自己的看法，则会遭到白眼。因此在这种社会氛围的影响下，我们便无法区分“合理要求”与“攻击他人”二者之间的差别。一般来说，“攻击性”是指不顾他人感受，单方面发泄愤怒的行为，它跟“合理提意见”有着明显的区别，后者并不会对任何人造成伤害。另外，能够合理提出自己意见的人，往往也能够保全个人尊严，更不会受到任何人的轻视。

我们要将冤屈、羞耻或者“欲杀之而后快”的厌恶等情感贴上合适的标签，形成管理情绪的基础，避免被自己的感情所控制。

只有夯实这一基础，我们才能厘清自己情感的脉络，以便进行更深层次的管控。

一朝冲动，满盘皆输

“人类建造酒店、疏浚河湾，取得了众多举世闻名的成果。可我们往往因为一些理念上的冲突，使这些成果付之一炬。所以说，心中的怒火无异于对人类灿烂文明的践踏。”

这段话节选自阿兰·德波顿的《旅行的艺术》，但我觉得书名叫“心灵的艺术”似乎更为妥帖，因为作者几乎可以被称为一位“日常生活的哲人”了。每当我看到有些人一路艰辛走来，却因为某一次的冲动使自己的成果化为泡影时，脑海中总是会不自觉地浮现出书中的这段话来。

展开来讲，一个人如果在二十岁时偶尔冲动，尚且会有人觉得率性可爱；可一旦到了三十岁仍然如此，周围就会有人提醒他应该注意自己的言行了；假如到了四十岁依然我行我素的话，其人生的根基就会被动摇。拥有的越多，调节愤怒的能力在职业生涯中的重要性就越大。请记住，从四十岁起，愤怒会转变为成长的某种方式，尤其是正在跟进大型项目的人，更应该给自己的心灵放个假。

那些一朝冲动、满盘皆输的人，曾经也是人群中的精英，可他们为何不能控制自己的感情，最终一败涂地呢？

随时为自己“据理力争”的人

年轻时，人们并不会觉得政治或者社会经济会持续、直接地对自己产生影响。然而一旦步入中年，政治与经济新闻对人们而言，则变得充满吸引力。

一位四十多岁的男性说：“当一个人对年龄的增长已经感到麻木时，就会开始整天盯着新闻不放了。”我对此也深有感触。到了这个年纪，人们逐渐意识到政治对自己生活的重大影响。就好比生病要去医院一样，看新闻并非为了娱乐，更重要的是为了生计。

时下的新闻都播些什么呢？无外乎不满与愤怒，都是些普通人因社会结构缺乏公平而四处碰壁的故事。虽然经济疲软与失业问题并非韩国专属，但韩国人对此深感不满并非无理取闹。不光政客们需要思考这些问题的解决方案，普通人也需要努力为自己寻找出路。二十世纪中期，有一本叫《愤怒的青年》的书，那时的年轻人曾经充满了愤怒。然而，由于韩国的经济飞速发展，人们的愤怒值早已超过了临界点，只要一受到外界刺激，就会奋起反抗。因此，韩国人愤怒的理由非常简单。

如今，就连愤怒本身也存在给予和索取两个层面。当人们无处躲藏、不能保护自己时，愤怒就会起身充当这一角色。如果一个人真的因为生气而发火，倒也无可厚非，但如果他仅仅是用愤怒来保护自己，情况就不容乐观了。婴儿为了生存，会不停地呼唤母亲，而成年人为了保护自己，不得不按下愤怒的按钮。当这种社会结构与旺盛的社会活动相遇时，二者会剧烈反应，催生爆炸性结果。

缺乏公平的社会结构，会给年富力强的三四十岁的人带来致命伤害。如果按照埃里克森人生发展八阶段理论来看，人在这一年龄段仍属于“生产时期”。然而，现实又如何呢？退休后的养老问题暂且按下不表，很多人甚至对明天也不抱有任何幻想。

哲学家尼采有云：“在低欲望中开辟生活。”诚然欲望过度并不可取，但在理应奋斗的年纪无欲无求，亦不能称作健康的生活态度。在畸形的社会结构中，如今韩国人的欲望已经大为缩减。

实际上，虽然经济不振已成为时代音符，但二十岁的人还未进入“生产时期”，五十岁的人已经走过了这一时期，只有三四十岁的人正在经历这一时期，所以他们自然成了“冤大头”。年轻人对未来仍然充满信心，五六十岁的人已经采摘了丰富的人生果实，只有三四十岁的人可能会因为环境的变化而颗粒无收。所以，他们才会因小事而敏感、动怒。

爱惜自己的理由

昌善就是一个例子。他曾在一次争吵后，一气之下砸了自己亲哥的车。他的两位哥哥，早在父亲的生意风生水起之时，就完成了学业，还曾出国留学。可反观昌善，父亲事业急转直下时，他还在上高中，生活自然无法像两位哥哥一样滋润，这种情况一直伴随昌善参加工作、走上社会。他的两位哥哥都在国企工作、生活稳定，而昌善自己却在中小型私企上班，连工资都被拖欠了好几个月。

“你为什么要砸你亲哥的车？”

“因为它就是我哥哥的化身。”

我能够理解昌善的心态。在他眼里，车就是自己哥哥成功的象征，把车砸烂相当于把自己无法拥有的生活砸个粉碎。然而，砸车事件使昌善更加受伤，因为它不仅在父亲心里结下了疙瘩，还使昌善不得不与警察打交道，简直狼狈不堪。虽然这一事件可以用心理失衡来解释，但即便没有这件事的影响，昌善也会对其他同龄人产生愤怒与不满。

与五十岁的人相比，当一个人逐渐向四十岁靠拢时，职场生活便会出现诸多限制。而当他对此有所感应后，心中的不安也逐渐浮出水面。这种不安会动摇内心的安宁，最终以愤怒的形态向外部投射开来。如果这种不安持续蔓延、发酵，人就会做出自残或加害他人的行为，这便是当代社会愤怒的表现形式，着实令人担忧。实际上，人们并不希望自己释放这种巨大的愤怒，不过是想要寻求一种所谓的“安全感”。

俗话说“最完美的攻击就是防御”，当自我保护失效时，自责与挫败的情绪则会因外部刺激而涌现出来。所以，人们便希望自己可以彻底铲除内心滋生愤怒的土壤。可一旦如此，良好的人际关系，以及能够推动自我成长的乐土也会一并消失。因此，虽然在愤怒社会中管理情绪、守护自我并非易事，但对愤怒的外部因素溯源时，我们应以温柔的视角，审视自己内心是否正在滋生某种不良情感。只有这样，我们才能从容面对内外世界的变化。

年轻人对未来仍然充满信心，五六十岁的人已经采摘了丰富的人生果实，只有三四十岁的人可能会因为环境的变化而颗粒无收。所以，他们才会因小事而敏感、动怒。

只有“不安”才能让我动起来

“今天才花了不到一个小时。”

“已经非常了不起了，从两天减少到一个小时。”

每次处理邮件，泽然都要鼓起很大的勇气。第一次来找我做咨询的时候，他抱怨光是一封封打开工作邮件都要花差不多两天的时间，如果再把回复对方的时间算进去，就不止两天了，有的时候如果处理不及时，还会引得其他同事怨声载道。于是他开始接受心理治疗，在六个月内成功把处理邮件的时间从两天缩短到一个小时。

泽然负责单位的宣传业务，工作十年期间，他见证了无数同事、前辈被一纸通知解雇的事例。但他并非从一开始就习惯性拖沓阅览邮件的时间。起初，泽然工作细致认真且充满人情味，不仅业绩斐然，人缘在单位里也是有口皆碑，甚至因为能力出众一度被考虑提拔为副总。

后来，他却深深陷入了幸存者症候群的泥沼。所谓“幸存者症候群”，是指在数次辞退过程中被留下来的员工，会经历一系列如创伤后遗症一样的心理应激反应。这是由于“幸存”的员工整日都被不安与恐惧所包围，倍感压力。与这些患者交流后就能发现，他们对自己遭到拒绝的恐惧与接受现实的能力之间存在巨大的鸿沟。

就泽然的情况来看，确认邮件时所谓的勇气，正是他对维持现状过于执着的表现。如果被裁也要焦虑，留下还是会不安的话，这个问题就与生存无关了，而是需要转变心态，学会如何与不安对抗，以便更好地享受生活。

相信我，没什么大不了

泽然之所以对自己收到的邮件“毕恭毕敬”，甚至拖延处理时限，其原因就在于他十分害怕面对失去。可是反过来说，与其害怕失去、逃避拒绝，还不如主动面对、克服问题。不过，这并不意味着大家要痛下决心，学会接纳“失去”与“拒绝”。我建议每次拖延时，都给自己规定一个截止日期，因为如果没有截止日期加以限定，实际上与回避“失去”和“拒绝”无异。

最终，泽然选择进行练习，每次都给自己制定一个截止日期，以克服心中的恐惧。他处理邮件的速度从两天缩短到一天，从一天缩短到三个小时，最终从三个小时压缩到一个小时。随着他处理邮件的时间不断缩短，泽然慢慢悠悠的样子也开始逐渐发生改变。经过六个月的不断练习，泽然终于可以坦然面对自己的不安，并与我分享了他的心路历程。我想对他说：即便打开邮件，也不会有什么天大的事情发生。只要不断反复这一矫正过程，他就可以完全克服面对失去和拒绝的恐惧感。

所谓受伤，其实是一个“反复”发作的过程。如果不是诸如家人去世、交通事故等大型事故，一个人偶尔遭遇一次不愉快的经历，内心并不会受伤。但如果这样的过程反复出现，心灵就会遭受重创。所以反过来说，治愈也正是一个不断反复的过程。所以，纠正不安的因素并不能一蹴而就，而是一个循序渐进的过程。虽然我们不能将心中的焦虑与不安一网打尽，但如果能够缩小它对我们的影响，何乐而不为呢？

焦虑也能让人成长？

关于焦虑的话题，我们就此打住，想必大家心中已经有了自己的答案。话说回来，好像从没有人通过焦虑实现了自由。奥地利精神分析学家奥托·兰克早年认为，人脱离母体这一行为本身诱发了人体的创伤应激反应，是焦虑产生的根源。只要是某种生命体，就一定会产生某种焦虑感。不过对于普通人来说，我们并没有必要了解这些宏大的概念，只需要学会如何应对生活中的焦虑就行。

所谓不安，是一种模糊的不快感，是人们担心未来可能发生坏事的一种心理反应。我们会因为担心失去依赖的对象而不安，会因为失去爱情而不安，还会因为害怕受到惩戒而不安……总之，人生在世，形形色色的不安就像身体器官一样，与我们相伴相随。

人一旦陷入不安状态，身体的肌肉就会迅速紧绷，思维也会随之模糊，接着我们便会想方设法摆脱这种状态。上面提到的泽

通过运动消化内心的不安

然会通过去健身房运动或在汉江岸边狂奔来消化内心的不安。然而，不安给人带来的伤痛并不是简单的皮外伤，而是一种实质性的损伤。

既然不安无法避免，它所带来的伤痕也深入骨髓，那么我们就要对自己负责，以积极的心态面对它。但这并不意味着我们可以不管三七二十一，只要接纳它就好，只是说我们需要转变自己对待不安的固有态度。不安本身并不是某种一定要避免摄入的毒素，它反而是维持我们生存的某种心理机制。

实际上，不安具有一种叫作“信号不安”的正向功能，能够使我们在遇到危险时做出一定的准备来化解风险。因为考试而不安，所以要用心准备，因为担心事情不够顺利，所以行动之前要经过深思熟虑，这些都是“信号不安”存在的证据。

“人们感到幸福的时候，只会重复过去的习惯，并不会寻求自身的变化；反而在遭遇不幸后，人们才会选择抛弃旧我、拥抱新我。”日本建筑大师隈研吾的这句话，讲的是人只有在感到危险时，才能够抛弃过去的习惯，为未来做准备，实际上这里也包含了“信号不安”的现象。也许此时正在折磨我们的不安与焦虑，是为了保证我们能够顺利度过余生而提前到来的。所以我希望大家不要只顾着回避不安，而要勇敢地面对它，一味地回避只能让它的影响更加明显，从而影响我们的生活质量。

如何实现欲望的多样化？

如果想使不安的情绪偃旗息鼓，也许我们应该从自己的欲望中寻找答案。我们可以降低欲望的准入门槛，或者对其规模进行调整，以减轻自身的不安。我建议泽然在享受自己的全盛期带来的快感的同时，为了避免今后感到后悔，绝不能忘记为今后的人生制订可行的计划。如果欲望的水准有所降低，不仅不安会瞬间减轻，生活的重心也会由眼下逐渐转向未来。

人类的欲望，是一种可以赋予生活动力的力量，没有了欲望，不安也会灰飞烟灭，如果把二者比作一对夫妻的话，可能就更好理解了。当我们意识到自己终有一天会离开单位时，不应该抗拒，而应该为快速进入新生活做好准备。这里的“快速”并不是要求你立刻辞职，是指在单位时应该尽全力发挥自己的聪明才智，离开后也应为自己的未来谋篇布局。

如果一个人手里只有一块年糕，那么他一定会对这块独一份儿的美食充满执念；但如果他两只手各拿一块，他就会惦记怎样才能拥有一大块年糕，并不会对手里的任何一块产生过分的偏爱。要记住，这种从容并非源于某种单纯的心态，而是与实际生活的盈余状态有关。

对于成年人而言，内心世界的成长往往来自人生多种多样的探索。只有这样，我们才能够更有效地进行风险管控，还能从因偏执而生的危机感中解放自己，实现自由。

不安可以激发一个人的创造力与想象力，使他创造出举世瞩目的作品，成为引领人类发展的动力。如果生活偶尔遭遇不安，首先不要试图将它推开，其次要认真倾听它的声音，因为它不仅代表人生处于正常的运转状态，还是人们追求健康生活的标志。

仔细想想，如果不是内心的不安发生了某种作用，泽然一定不会每天认真生活。如果一个人能够动员全部的精力来实现自己的梦想，这又何尝不是一种出色的能力？因为他会为了克服不安感带来的影响，始终保持旺盛的精力。殊不知，这也是不安给予他的一种正向反馈。想必世界上再无任何一种情感，足以使人立刻行动起来了吧！所以，每当我们想要驱赶内心的不安时，试着先与它握个手，达成和解。

一个人偶尔遭遇一次不愉快的经历，内心并不会受伤。

但如果这样的过程反复出现，心灵就会遭受重创。

所以反过来说，治愈也正是一个不断反复的过程。

虚假的尊严，不要也罢

我们身边并不缺乏极度敏感之人，他们就像一根长长的天线，平时伸得很长，但遇到小事就会立刻把头缩回去。这些人十分在意来自外部世界的眼神或评价，往往会因为别人的无心之语、无心之举而受伤，即便无奈参加聚会时，感情也容易陷入枯竭，习惯于蜷缩在自己的世界里。

很多职场人士一定会有这样的感触：跟一个自卑的上司打交道简直难于上青天。他们常常会因小事而发火，认为自己受到了别人的攻击。一个人的内心越是脆弱，其避害意识就越强，最终对别人采取“防御性进攻”。

无论是紧张还是傲慢，或疑心太重，还是过于偏执，具有这些人格特征的人，往往很难建立良好的人际关系。而这些问题不仅使他们自己感到痛苦，通常还会使他们的家人、朋友、同事苦不堪言。

很多人在处理人际关系方面充满了困扰，选择来心理诊所寻求帮助。造成这些问题的原因虽然多种多样、纷繁复杂，但其根源无一例外地指向了尊严。我们之前简单提到了一些与自尊有关的案例，那些患者也存在类似的问题。

理性看待来自他人的认可

从表面上看，所谓的“自尊”好像是一个多么高深的形而上学的概念，但事实并非如此，它实际上是指一个人对自身的积极肯定，与别人称赞与否无关，是一种无条件支持自我的情感。

如果把“自尊”二字拆开来看，它代表“守护自我、保卫人格”。不论环境如何，都要坚守自我品德的行为，就是一种自尊的表现。如果一个人在人前人后的表现截然相反，那么他就毫无自尊可言。只有不受外界影响与控制，守护自己的内心世界，自尊才能得以保全。不管别人怎么看，只要坚持自己的品行与操守，“我”存在的价值就不会被侵犯。所以，我们要学会认可自己，因为这并非一种相对评价，而是一种绝对评价。

话虽如此，实践起来却不太容易，这与韩国盛行的攀比文化不无关系。在这种文化氛围的浸淫下，每个人都在追求别人眼里的“成功”，无奈只能尔虞我诈，用各种不正当手段达到目的。也正因如此，近来韩国社会才逐渐流行起如“不要在意别人的眼光”“不要一味追求他人的认可”“拿出勇气面对来自别人的厌恶”之类的思潮。由此可见，他人的称赞或认可对于个体存在感的影响具有决定性的意义。

> “了解自己根本没用，只有获得别人的认可与歆羡，我才会觉得自己的尊严得到了满足，内心也就充满了自信。其实我也不是特别想听到别人的夸奖，但为维持自信付出的成本水涨船高，我只好学会取悦自己。所以，把别人的目光当作实现自我管理的某种燃料，似乎是一个不错的选择。”

这是我一位好友的自白。如他所言，别人的目光有时也并非一无是处。此外，别人的评价或目光也并不能以我们的个人意志为转移。重点是，一个人一旦对别人的评价过于执着，就容易产生一系列的问题。外界的评价无论是好是坏，都不能代表我们生活的全部，充其量只是人生的一小部分而已。

从自尊的特点上来看，一个人听一百句好话可能会不为所动，可一旦接触到关于自己的负面评价，哪怕一句都足以将其打垮。所以面对外界的刺激，我们一定要尽最大努力，将其对自身的影响降到最低。不过，保护自尊、免受伤害并非易事，需要持续的训练才能实现。

在每段生命周期内需要盘点的问题

我想成为怎样的人？

我想做怎样的事？

我想证明什么？

我想拥有什么？

我想成就什么？

在每段生命周期内，我们都需要对这些问题进行盘点。与自我认同相关的问题，一般都与自尊有着千丝万缕的联系。二十岁时，我们可以把履历、职业、外貌当作实现自我认同与保全自尊的标准，可一旦迈入三十岁还死守这些标准不放的话，人生就会陷入停滞，不再继续成长。

我的一位好朋友目前年近四十，当初首次面对“我想成为怎样的人”这一问题时，他的回答是“想成为一名知名作家”，现如今他却更改了自己的答案，表示自己“想成为一名可以持续码字的人”。可见，年轻时他更在意自己是否获得了别人表面的认可，年龄稍大后，他显然更在意自我价值的实现。

由此可见，人一旦脱离蒙昧阶段步入中年，生活的核心和本质便会逐渐浮出水面。所以人快到四十岁时，大概就会放弃过去那些无关紧要的执念，开始寻找真正足以支持生活继续下去的自尊。这时，我们需要有填补人生空白的意志，彻底与过去那些试图吸引别人目光的行为告别，做自己真正想做的事情。我想把这段岁月称作“重新书写人生的时间”。

为此，我们需要进一步夯实曾经被长期忽略的人生基础，比如将视线转向自我，实现自己的梦想，找寻被世俗价值冲淡的人文素养等。只有以此为前提，我们才不会轻易为外部环境所动摇，才能够充分、完整地体验自我。

诚然，履历、职业、外貌等外在条件，的确可以获得他人的认可与称赞，但不一定可以为我们赢得尊严。即便侥幸取之，其根基必然不稳，不过是昙花一现，如过眼云烟罢了。

人一旦脱离蒙昧阶段步入中年，生活的核心和本质便会逐渐浮出水面。

所以人快到四十岁时，大概就会放弃过去那些无关紧要的执念，开始寻找真正足以支持生活继续下去的自尊。

成年人的成长，需要有所不同

立春并不意味着春天即将来临，人生亦是如此，一个人即便熬到了某个年龄，也并不代表他能够做出符合某一年龄段特征的行为。每个年龄段的人，都应当拥有自己独特的生活智慧。

美国心理学家莱文森认为，人生有四季之分，每个季节大概会持续二十年，每个人都需要用五年的时间为换季做准备。很多学者将四十岁以后的人生粗暴地划分为中年，莱文森的观点却振奋人心，他将这一时期称为人生的预备期，并告诫人们在正式进入中年之前，应该在这一过渡期内做足准备，给自己的心灵放个假。

我认为这种观点极具说服力。仔细想想，有多少年龄步入三十，心理成熟度却尚未与实际年龄同步的人？四十岁的人的情况也大抵相同。所以，并不能单纯从年龄判断一个人是否已经进入了中年。尤其是三十九、四十、四十一这三个年岁的人，与其宣布自己已经成为中年人，还不如思考人生的后半程如何度过，如何书写属于自己的人生画卷。

对于这一年龄段的人而言，有两大课题摆在他们面前。

首先，是重新评估过往的人生。在这一过程中，我们可能会与抑郁、焦虑相遇。如果焦虑是对未知事件的担忧，那么抑郁就是对本该发生却未发生的事件产生的失落感。因此，在我们思考成长问题之前，首先应该面对自己内心的复杂情感。只有这样，我们才能保证今后的生活能够走上健康正确的方向。

其次，树立全新的“成长观”。四十岁恰好位于人生的中段，需要全新的成长观念做指引。如果说二十岁时的成长有如奔向前方的涓涓细流，那么四十岁时的成长便是广阔无垠的太平洋。虽然从二十岁到四十岁，人生就像小溪汇入大海一般行进，但当事人多少会因为环境的急剧变化而产生心理不适。

成长观转变的时机

中年人的头顶上方仿佛有一扇玻璃窗，身旁却是逐渐倒塌的一道道围墙。虽然此时人能够继续上升，但玻璃窗在竖直方向会产生一定的阻碍，同时水平方向却拥有无穷无尽的空间。这便是中年人赖以继续成长的环境。

韩弼胜在一家大公司的法务团队里工作，因为升职连续遭遇三次失败，无奈主动申请退出。不过这类故事的主角，并非弼胜专属，它可能发生在任意一位希望获得职业突破但最终不能得偿所愿的四十岁中年人身上。这种失落感，足以对中年人造成致命的伤害，而底层的年轻员工此时正来势汹汹，加剧了中年人的恐惧心理。

那么，弼胜此时需要如何应对呢？继续等待升职的机会？还是为今后继续做一名普通上班族做好充分的心理准备？二者都不可取，此时最应该做的，就是重新树立评价人生的全新指标。这些指标形成后，再重新思考接下来人生的成长问题，大概也就不会为“屈居现状”而黯然伤神了。四十岁之后的成长，也会在此时扬帆起航。

抽出时间，思考今日的抉择

很多人把成长当作一种类似于自我开发或攻读MBA学位的行为，不过是为了获得某种成就。可如果从更加广阔的视野出发，我们在成长之路上还需要不断思考各种问题：比如为了获取成功，是否需要不择手段？如果现在不行动，是否会错过最佳时机？妻子是不是也有创业的想法？如果说二三十岁时的成长空有深度、缺乏广度的话，那么四十岁的成长则更加全面：深中有广、广中带深。

如果要把上面的概念表述得更加形象的话，我们可以把“深度”想象为矗立于地面的一棵大树，“深中有广”就意味着我们的关注点并不止于这棵大树的地面部分，其扎根于土壤的部分也要包含在内，正因为深深根植于土地，大树才会加速生长。而“广中带深”指的是，物体的面积会在宽度与长度交替转换的过程中自然而然地扩大。四十岁时经历的成长，就像一棵树的成长过程一样，树干粗壮、根系旺盛，自然会结出果实。

然而，这一过程也充满了挑战。如果想要在深度上取得成长，不仅需要经历残酷的竞争，还要默认或直接参与到社会的各种不合理之中。而人生广度的成长，则更是难上加难，因为它需要周围人的共同参与。比如四十岁时想要放弃稳定的工作，开始自主创业，家人必然会以年龄太大、过于理想化等理由坚决反对。当一个人想要维护自身利益时，可能会在重重压力下做出“不道德”的选择。

“为了使自己安身立命，我一定要违背道德准则吗？”

这个问题的答案，其实就藏在每个人的心中。被利益蒙蔽了双眼的人，会选择无视道德标准，不断向上攀爬；然而对于那些有道德洁癖的人而言，即便自身一生清贫，也绝不会违背正义的信条。

不过，这并不意味着我们一定要在二者之间做出善与恶的价值判断，因为人类的某个选择，本身就无法简单地用善或恶进行分类。抢了年轻人的功劳、曝出某个友商的丑闻，于对方而言很明显就是一种恶，但对自己或家人乃至我方团队而言，又是一种善。社会本来就是一个善恶交织的共同体，每个人都会“行善”或“作恶”。如果否认这一客观真理，一味追求绝对的善恶，实际上是一种无能的表现。

我还想在这里补充一点。我们在做选择时，不能过分被竞争者、家庭、工作所左右，应该充分考虑选择对自身可能产生的影响，以及它是否与个人信念相冲等。

从现在起，我们一定要仔细思考，自己做出的选择将会对自己的人生产生怎样的影响。只有这样，才不至于犯下“捡了芝麻，丢了西瓜”的错误。

“方向的集合”决定人生的走向

不少曾经身居高位的人从工作岗位上退下来后，生活反而变得不尽如人意。在普通人眼里，这些人集财富与权力于一身，子女也有不错的出路，但他们自己为何沦落到这般田地？究其原因，大概是他们把所有的精力都放在了追求“更高”与“更远”上吧。在他们眼里，只有凸显自己的价值、标榜自身存在意义的头衔才值得为之奋斗，而其他方向的努力则毫无价值可言。如果以一百为单位进行量化，那么这些人在垂直方向的努力一定可以拿满分，而水平方向只能得零分，二者合二为一，刚刚够五十分。

实际上，世间万物皆有尽头，这一“终点”既充满魅力，也拥有一定的局限性。一旦放平心态，终点反而会在某一时刻出现在我们面前。只有将自己从过去对“纵向发展”的执念中解放出来，才能腾出空间，使心灵之花自由绽放。

“生之尽头”并不会在我们人生的某个辉煌瞬间来临。只有当人格反复接受考验、痛定思痛，做出某一重大抉择时，“生之尽头”才会眷顾我们的人生。

四十岁恰好位于人生的中段，需要全新的成长观念做指引。

四十岁时经历的成长，就像一棵树的成长过程一样，树干粗壮、根系旺盛，自然会结出果实。

图书在版编目（CIP）数据

摆脱年龄焦虑：跨越全新的人生起跑线 /（韩）韩星姬著；蔺阳子译.
— 北京：中国工人出版社，2021.12
ISBN 978-7-5008-7763-9

Ⅰ. ①摆… Ⅱ. ①韩… ②蔺… Ⅲ. ①中年人－人生哲学－通俗读物 Ⅳ. ①B821-49

中国版本图书馆CIP数据核字（2021）第234464号

著作权合同登记号　图字：01-2020-7473

摆脱年龄焦虑：跨越全新的人生起跑线

出 版 人	王娇萍
责任编辑	周小彦
责任印制	黄　丽
出版发行	中国工人出版社
地　　址	北京市东城区鼓楼外大街45号　邮编：100120
网　　址	http://www.wp-china.com
电　　话	（010）62005043（总编室）　62005039（印制管理中心） （010）62379038（社科文艺分社）
发行热线	（010）82029051　62383056
经　　销	各地书店
印　　刷	天津中印联印务有限公司
开　　本	880毫米×1230毫米　1/32
印　　张	7
字　　数	120千字
版　　次	2022年1月第1版　2022年1月第1次印刷
定　　价	48.00元

本书如有破损、缺页、装订错误，请与本社印制管理中心联系更换